U0038438

不可思議的貓知識

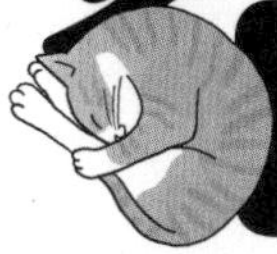

Cat's Feeling

愛貓人不可不知！

石田 卓夫◎監修

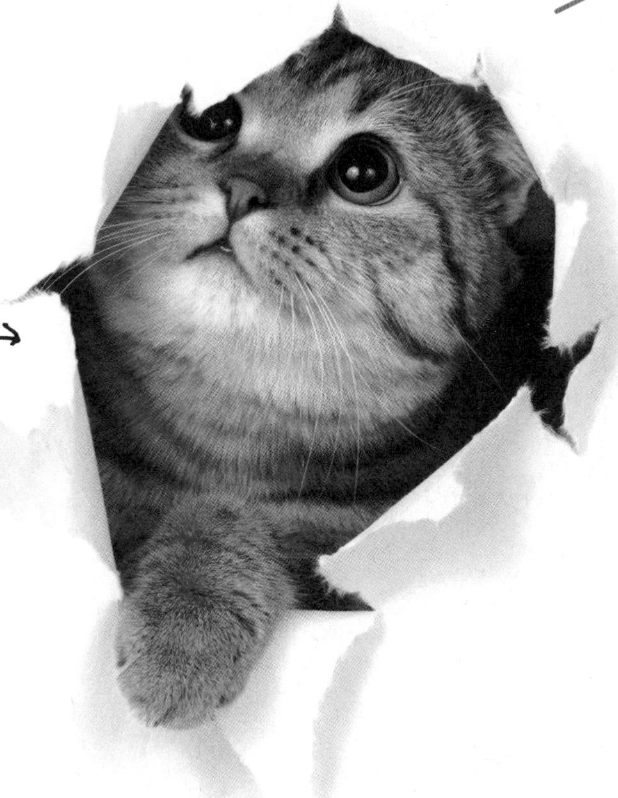

只有我家的貓老大
會這樣？

前　言

感謝購買本書的您，藉由購買這本書，我可以推測您在人類中屬於動物愛好者這個大團體中的「愛貓人士」族群。「什麼嘛！這不是廢話嗎？」您或許會這樣想，但這是將您與喜愛其他動物的人作區分的重要分界線。喜歡貓的人也會喜歡狗及其他動物，愛貓人士都是很善良的。

專為愛貓人士出版的書籍很多，其中不乏與本書同名的書籍，而且幾乎都是由愛貓人士所撰寫。那麼本書到底有什麼獨特之處呢？首先，最大的不同就在於不只是為了喜愛貓的人，同時由人類角度切入。也就是以貓為中心，在撰寫的同時考慮到愛貓人的立場。因此在編輯本書時，避免以單一角度思考或依想像編纂，而是為了真的非常喜歡貓的人們，以最新的研究結果及數字為依據完成本書。希望能夠讓更多人與貓，因本書所提供的資訊過著幸福的生活。

若能充分理解貓的心理、行動與生理，避免造成貓的壓力，確實到動物醫院接受檢查，持續提供優質營養，與貓一起生活超過二十年並非夢想。只要貓平時減少累積壓力，即使突然前往動物醫院也不會造成貓的負擔，才可以獲得充分的治療。因此請活用本書，為貓咪能夠擁有長久而美好的一生努力吧！

石田　卓夫

目 錄

第3章 貓對人類的心理

第4章 掌握貓的內心世界

第5章 貓的社會規則與組織結構

第6章 推測遠古時代貓的感受

第7章 與貓相關的最新情報

本書概要

第1章

貓的習性與所隱藏的情緒

睡覺、活動、吃飯。藉由觀察貓的行為模式，解讀貓的情緒。

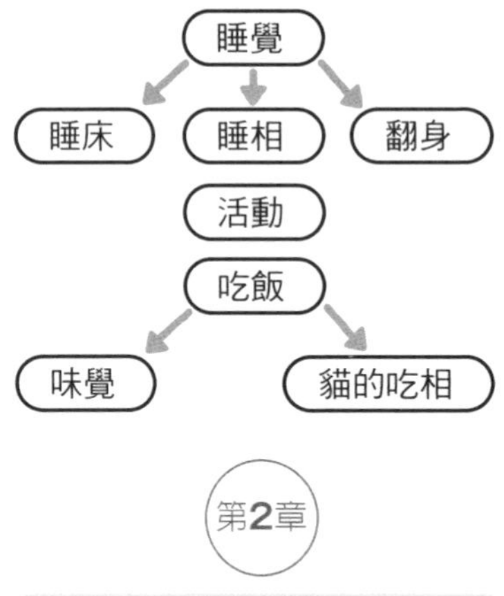

第2章

貼近貓身體的祕密

到了該瞭解貓是怎樣動物的時候。瞭解貓的身體構造與感覺器官，並解讀其行動中所隱藏的涵義。

第3章

貓對人類的心理

貓想向人類傳達的意思。在此將說明貓與人類接觸時的表現、動作及其背後所代表的情緒。

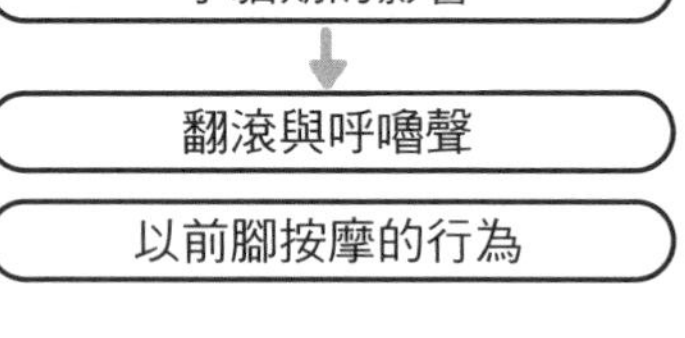

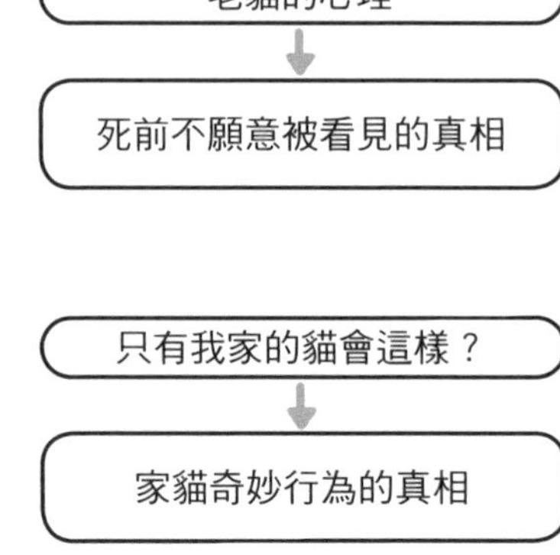

第4章

掌握貓的內心世界

以貓與人能共同快樂生活為前提，從遊戲方式、教養、討厭的東西及害怕的東西等分為六個主題。

溝通方式
小貓
日常
老貓
教養
遊戲方式
不可以餵食的東西
討厭＆害怕的東西
飼養多隻時

第5章

貓的社會規則與組織結構

貓有其獨特的交流方式、戀愛方式和家族之間的牽絆。在本篇將介紹貓社會中的慣例、規矩及溝通方法。

一對一的相處模式
團體間的相處模式
公母間的相處模式
母貓與小貓間的相處模式
血緣關係間的相處方式

第6章

推測遠古時代的貓

貓與人類是從何時開始共存呢？介紹有關貓的文獻及傳說，與變遷。

貓與人類共同生活的起源
貓品種改良的發祥
關於貓的日本文獻
中世紀歐洲的傳說

第7章

貓的最新情報

時代改變貓也跟著改變？與人類共同生活的貓有著怎樣的變化呢？來探討貓的進化吧！

關於室內貓
動物醫療
晶片
文明病
關於病毒與病狀的研究
複製貓的研究

本書中貓的分類方式

為了讓說明更為淺顯易懂，
依照貓的生活形態作分類。

貓

在動物學中屬於「食肉目・貓科・小型貓科類・貓屬・家貓」，被人類馴化，有特定飼主飼養，主要生活於室內的貓。

野貓

在動物學中屬於「食肉目・貓科・小型貓科類・貓屬・家貓」，被人類馴化，無特定飼主飼養，主要生活於屋外的貓。

野生貓科

不屬於家貓，例如：西表山貓或對馬山貓這類。

「貓科」除了家貓與山貓之外，
泛指獅子及獵豹等所有貓科動物。

第 **1** 章

貓的習性與隱藏的情緒

雖然在人類看來覺得不可思議，
但貓的習性有其存在的理由。
在本章中，
讓我們一起來瞭解貓的習性與其含意吧！

貓的睡眠 之 1

因為常常在睡覺所以叫作寢子？

從古至今貓給人「常常睡覺」的印象，日文名字的由來也與睡眠有關。

日文的貓「ねこ」（neko）來自於「寢子」（neko）一說

日文的貓「ねこ」（neko）其由來眾說紛紜，因為常睡覺，所以由**「寢子」（neko）**一詞而來的說法最為人所知。

經調查發現，貓在生活環境、年齡及個體上有所差異，睡眠較短的貓**一天至少需睡十個小時**，睡眠較長的貓一天則可**睡上十四至二十小時**。在眠期間還會一直重複著「醒來、短時間活動、再睡覺」這種行為模式，所以給人總是在睡覺的印象。

貓的睡眠時間長被認為是**野生狩獵生活**所遺留下的習性。野生貓科為了生存必須狩獵，打獵需要體力，但並不是每次都會成功，因此，為了不浪費能量，靠睡眠來保存體力。而且，一次性吃下大量營養價值高的食物，進食時間短，不像草食性動物需要耗費大量時間吃東西，所省下的時間可以用來補充更多睡眠。

喜歡睡在柔軟處及高處

貓常睡在沙發或軟墊等柔軟處，也喜歡像是貓跳台頂端等高處，這是因為**柔軟物體睡起來很舒適**。而睡在高處則是從野生時代遺留下的習性，**因觀察四周而能安心之故**。由於電視等家電用品的周圍很溫暖，天氣寒冷時，也喜歡靠近這類物品睡覺。

貓在古時被稱作「ねこま（NEKOMA）」，其由來除了「寢子」之外，也有等待捕鼠的動物及會喵喵叫的野獸等說法。

野生貓科為了狩獵，必須儲存能量

可方便觀察四周，避免被襲擊，
常睡在樹洞之類之處。

貓所需要的是舒適與安全感

當沒有打獵需求時，
喜歡的床鋪上長時間睡眠。

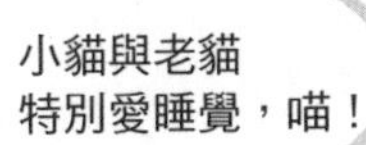

櫃子或貓跳台之上

在高處和安靜處容易感到安心。

天冷時喜歡在溫暖的地方

喜愛睡在暖爐或電器旁。

沙發或軟墊

喜愛柔軟的物品。

貓的睡眠 之2

貓也會作夢嗎？

貓和人類在作夢時的睡眠型態相同。當沉睡的貓抖動身體時，就是正在經歷作夢的睡眠階段。

貓咪也有作夢的快速動眼期。

不論是人類或貓都有所謂的**REM睡眠階段**。REM為Rapid Eye Movement的縮寫，是一種在睡眠時，眼球快速移動的狀態。若調查這種狀態下的腦部，幾乎和清醒時相同。人類能夠記住夢的內容，正因為這段期間腦部是清醒的。

在REM睡眠的貓，全身感到疲累，眼球會轉動，耳朵與鬍鬚則會抽搐，並搖動尾巴，偶爾還會發出宛如夢話的喵喵叫聲。和人類一樣，貓也許正在作夢吧！

很少熟睡的貓

貓即使在睡覺，呼喚牠的名字還是會搖尾巴，聽到聲音時耳朵會反射性的搖動。此時的貓，正處在**非REM睡眠狀態**。**是一種腦部已經休息，身體卻還沒進入沉睡的狀態**。或許有人會對腦部睡著了以後身體還能夠反應感到質疑，然而REM睡眠之中，從淺眠進入熟睡狀態會經歷數個階段，在淺眠時，常見到身體在無意識進行反射動作。

而貓的情況則是在非REM睡眠時，幾乎都處於身體沒有睡著的淺眠狀態。雖然貓給人總是在睡覺的印象，但即使睡著後對外界刺激依然保有一定程度的警戒心。

相對於腦部處於休眠狀態的非REM睡眠，REM睡眠是身體正在休息的狀態。而腦部發育尚未成熟、剛出生的幼貓的睡眠幾乎都是處於REM中。

睡眠中的貓姿態

依據不同的睡眠狀態產生不同反應。

REM睡眠

- 抖動耳朵、鬍鬚及前腳。
- 搖尾巴。
- 發出宛如說夢話般的聲音。

非REM睡眠

淺眠期

- 耳朵或身體部分還醒著對聲音有反應。
- 大多是趴睡或側睡。

熟睡期

- 就算叫牠或碰牠也幾乎不會有反應，不容易醒來。

貓的睡眠 之3

伸懶腰與蜷曲

貓的睡姿會隨著環境冷熱及緊張與否而改變。

蜷曲身體睡覺

當**氣溫降低時**，貓為了不讓體溫散失而**蜷曲著身體睡覺**。人類也是，在天冷時就會側躺將手腳緊貼身體，彎曲手肘與膝蓋、拱起背部。由於貓比人類的身體更柔軟，姿勢就更極端與誇張。蜷曲起背部、頭與四肢緊貼腹部，使整個身體變成圓形，連尾巴也緊貼身體捲曲。

這種姿態不僅只出現於天冷時，當貓咪**警戒時**也可以看到。為了不讓脆弱的腹部被敵人攻擊，蜷曲掩藏起來。

仰躺露出腹部

相反的，**天氣熱時**，為了盡量散熱，在睡眠期間**身體與腳會盡可能的伸展**。然而側躺並伸展四肢的睡姿常見於野貓；**仰躺並露出肚子的睡姿**則常見於室內睡覺的貓。

這種沒有防備甚至暴露出脆弱部位的睡姿，若有突發狀況要逃跑比較花時間。因此當貓判定不會發生被襲擊等需要逃跑的突發狀況時，才會呈現這種睡姿。如果貓睡覺時盡情的露出肚子，伸展四肢，就是對當時的環境和在場的人類感到**安心且放鬆**。

下半身側躺上半身匍匐的姿勢，比完全側躺時頭部高，容易聽到四周的聲音，是稍微警戒的姿勢。

天冷時或保持警戒時的睡姿

睡覺時將身體捲成圓形，盡量隱藏腹部。

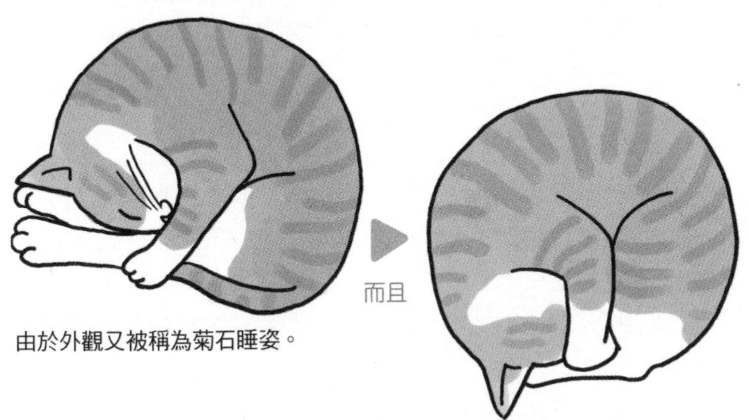

由於外觀又被稱為菊石睡姿。

有時也會把四肢跟頭部
塞入身體下睡覺。

炎熱時或安心放鬆時的睡姿

睡覺時伸展四肢，有時還會露出肚子。

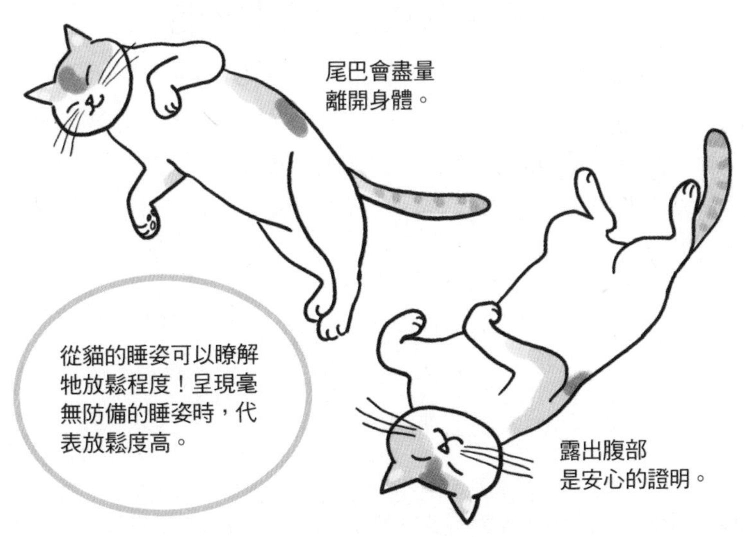

貓的睡眠 之4

每當以為牠睡醒時……

並非一覺睡到飽，貓的睡眠很淺。因為會一直醒來活動，所以在人類眼中看來貓的行為很不可思議。

即使醒來也會翻身繼續睡

熟睡中的貓有時會突然站起來，**轉一圈改變方向後又開始睡覺**。這時的貓雖然眼睛是睜開的，也有意識，但與其說是醒了，不如說是**睡眠中翻身**來得恰當。人類翻身時睡眠也會變淺，而貓咪的睡眠原本就比人來得淺，所以會有**一瞬間醒來**翻個身繼續睡的情況。

不論是對人類或貓來說，睡眠中翻身都是必要的。翻身可預防特定部位的肌肉疲勞、血液循環不良等情況發生，還可以釋放身體下側的熱氣，達到調節體溫的效果。

為了舒適而改變睡眠場所

貓有時會忽然醒過來，四處遊走。並非受到特定事物的驚擾或吸引，而是在尋找更舒適的睡覺地點。若貓醒來的時間較短，在人類眼中會對「牠睡到一半為何移動」感到困惑。另一方面，喜歡睡眠於日照處，**隨著日照偏移而跟著移動**的狀況則讓人較容易理解。

貓具有能夠**尋找舒適場所**的優秀能力。例如：夏天炎熱時，貓常會睡在玄關的陰涼處或通風的走道上。

天氣變冷時，也會和人類一起睡在棉被裡。只是貓通常會等人類先將棉被溫熱後才會進去睡。

貓起身後又轉身繼續睡

並不是真的醒來，只是起身改變睡覺的姿勢。

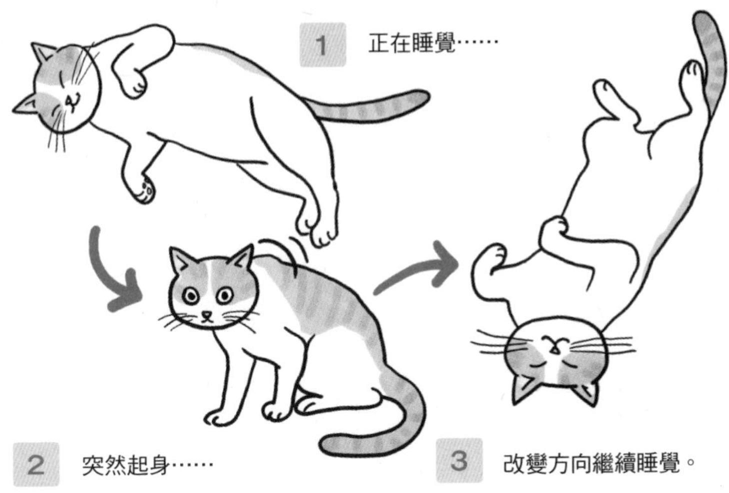

為了尋找舒適的場所而移動

會找睡起來最舒適之處。

貓的活動 之1

藉由打呵欠及伸懶腰開始活動

睡飽的貓起身後會先打一個大哈欠，然後伸展身體開始活動。

以打哈欠來活化腦部

有時因加班導致睡眠不足、在上無聊的課程或開會時，雖然強忍睡意但還是忍不住打了哈欠。那是為了要將大量氧氣送進疲勞的腦部，進而活化腦部的緣故。貓打哈欠雖然有同樣的作用，卻不是因為睡眠不足或無聊。

就像是人類在睡眠充足的假日早晨，「啊……好好睡喔！」起床後打一個大哈欠這樣的感覺吧！由於在睡眠中呼吸次數減少，睡醒後頭腦反應遲緩，**睡醒後打哈欠**能促進**恢復腦部活動**。然而人類並無法光靠打哈欠就能夠清醒，有時還得依賴咖啡，但貓的恢復力比人類迅速。因為頭腦遲緩獵物就會逃走，或容易被天敵攻擊，這是野外求生的本能。

順帶一提，有研究指出，**狗打哈欠可能是不滿足或不安的表現之一**，而貓並無這類的研究結果。

伸懶腰讓身體甦醒

藉由打哈欠讓大腦清醒，隨後是身體。**臀部上揚、伸展前腳，再抬起頭部伸展後腳及背部**。讓含氧的血液輸送到全身，暖身後才算完全甦醒，接著才可以開始進行其他活動。

貓有一種張口將味道吸入，稱為「裂唇嗅反應」的動作，這種動作有時看起來像是在打哈欠。

藉由打哈欠來恢復腦部活動

並非還很愛睏，是為了清醒過來而打哈欠。

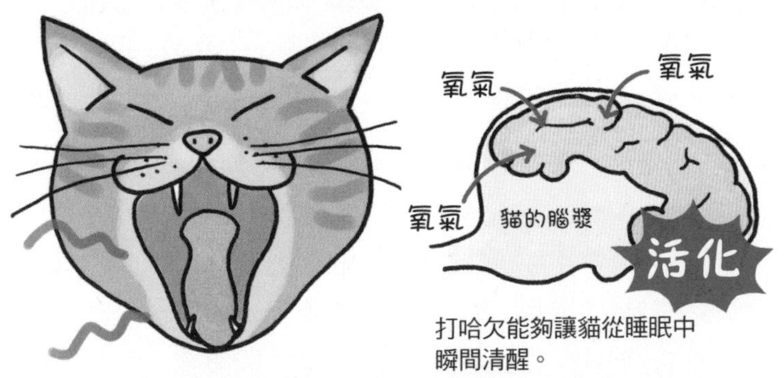

伸懶腰是預備開始活動的體操

伸展肌肉，讓身體重新啟動。

貓的活動 之2

磨爪子是不可或缺的習性？

磨爪子不僅是為了照顧爪子，也有殘留氣味，作記號的作用。

為了讓老舊角質層脫落的指甲護理

貓在狩獵時會使用銳利的爪子壓住獵物，再以獠牙給予致命一擊。因此**爪子在追捕獵物時是很重要的武器**，為了維持武器最佳狀態，**磨爪子**是不可或缺的習性。

若仔細觀察貓磨爪子之處，會發現有爪子形狀的角質掉落在四周。貓的爪子是由好幾層薄狀的角質所構成，並由內往外生長。**定期磨爪子可以讓最外側的老化角質剝落，使爪子保持銳利狀態**。

磨爪子的動作是貓的本能，因此就算幫貓剪爪子或大聲斥責也無法阻止牠的行為。若是因為柱子或家具被抓壞而感到傷腦筋，準備更能吸引貓的貓抓板，讓牠習慣在上面磨爪子才是最佳解決方式。例如：喜歡用柱子或木製家具來磨爪子的貓，肯定會比較喜歡木貓抓板。此外，還有非要立起身體用力磨爪不可的貓等，觀察貓平常磨爪的樣子來考慮位置和放置方法是非常重要的喔！

氣味是溝通的管道之一

貓爪內含**氣味腺**，因此在磨爪子的地方會留下的氣味。這種留下氣味的行為稱之為**作記號**。除了磨爪子之外，最具代表性的就是噴灑尿液留下氣味。對貓來說，作記號的行為不但可以藉由氣味宣告自己的存在，也是一種傳遞情報的交流方式。

當貓欲求不滿時也會有過度磨爪的現象。有飼主在洗澡時，由於貓想要見到主人，而在浴室前磨爪的案例。

磨爪的方法與姿勢

磨爪子對貓而言是不可或缺的本能行為之一，
磨爪的姿勢與喜好的材質或則是每隻貓都有所不同。

爪子的構造

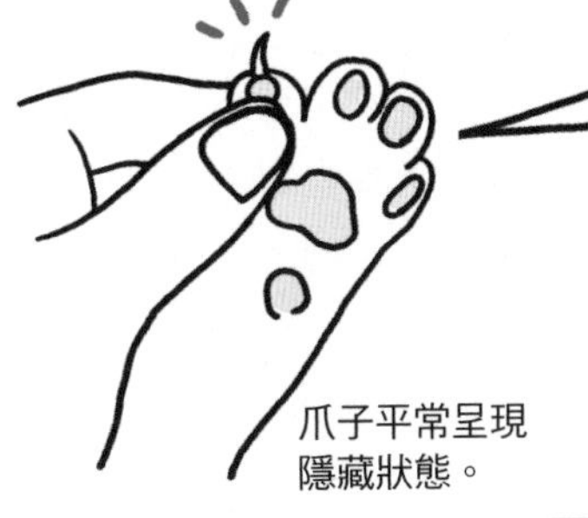

爪子平常呈現
隱藏狀態。

像是脫殼般，
老化角質從最
外側開始脫
落。

目的

- 保養爪子
- 作記號

喜好的材質

布料（地毯、沙發等）

- 布料（地毯、沙發等）
- 木頭（柱子或木製家具等）

垂直方向或水平方向擺
設，讓貓好磨爪子。

市售的貓抓板

選擇與貓平時磨
爪子時類似的材
質，配合磨爪子
的姿勢與位置擺
放即可。

貓的活動 之3

理毛是喜歡乾淨的證明

對貓而言，理毛是一種清潔的行為。不僅是清潔身體，還包含許多其他意義。

保持清潔，調節體溫

是否常看到貓**舔了前腳再洗臉或以舌頭清潔身體**的樣子呢？ 這種行為稱為**理毛**。有調查顯示，理毛幾乎占了貓清醒時間**30%以上**，在貓的生活裡有重要地位，對貓而言是不可或缺的生活習慣。

理毛的主要目的是保持**身體表面的清潔**，貓通常會細心地清除身上的雜毛、灰塵及外部寄生蟲等。

貓的舌頭表面有粗糙的凸起，理毛時會發揮梳子般的效果。

此外，對無法以流汗調節體溫的貓而言，理毛在**天氣熱時有調節體溫的作用**。藉由舔濕身體，讓蒸氣蒸散來達到降低體溫的效果。

讓情緒冷靜下來

當貓感到壓力或覺得無聊時都會理毛。若比喻成人類，就像是無法冷靜時會開始抖腳這種說法吧！這是就貓為了**讓情緒冷靜的行為**。因此當貓在感受到壓力或不安時，會產生過度理毛而導致禿毛或大量毛球卡在腸道的情況。

另一方面，也有因皮膚炎或過敏而導致的搔癢，造成過度理毛直到皮膚受傷的狀況發生。

過度理毛有時是行為障礙發作。這種病的病因之一是由於名為血清素的精神傳導物質缺乏所造成的。

以舌頭為身體理毛

理毛對貓而言，有保持身體清潔、調節體溫和鎮定心情等各種功能。

頭部以外的部位幾乎都使用舌頭理毛。

有時還會擺出平時不常看見的姿勢。

舌頭舔不到的地方就使用四肢

無法以舌頭直接理毛的部位則使用前腳與後腳。

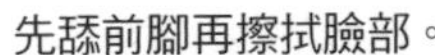

先舔前腳再擦拭臉部。

以後腳抓脖子及耳朵周圍等部位也是一種理毛方式。

貓的活動 之4

就是想到處鑽看看？

當貓發現袋子或箱子就鑽進去的行為，被認為是野生時代殘存下來的本能反應。

喜歡洞穴是源自於狩獵本能？

貓對**老鼠能通過大小的洞穴會本能的感到興趣**，因此當看到倒下的紙袋，就無法不在意。若貓呈現低姿態、搖動尾巴且要鑽進袋中的樣子，認真也好、遊玩也罷，都可說是源於**狩獵本能**的反應。有一說法是貓覺得鑽入紙袋或塑膠袋時所發出沙沙聲很好玩。

待在狹窄處覺得很安心？

野生的貓常睡在樹洞或岩石縫隙等，這類可以包覆身體的**狹窄處**。因為大型動物無法入侵狹窄場所，被襲擊的機會就會降低。

在行為學上，包含人類的大多數動物在內，不安時都會往房間角落移動。比起在空曠場所中央，在牆壁旁邊會讓人感到安心，在心理上是可以被理解的。

貓也是基於同樣理由，發現狹窄且被包圍的空間時，**為了確認是否可以當作舒適睡眠的空間，不論如何都想進去看看**，若喜歡便會長時間逗留，甚至在此睡覺。由人類角度看來，貓硬是要進到狹窄空間，以不自然的姿勢睡覺，但對貓而言卻可能很舒適呢！

俗話說「好奇心殺死貓」。貓的好奇心旺盛，對四周環境充滿興趣，但四處探索的用意也很深遠。

對洞穴感興趣的理由

有一種說法是貓想窺探洞穴裡是否藏有獵物，
這是受到狩獵本能所驅使。

確認是否舒適

鑽進去看看是否舒適。

貓的活動 之5

窗戶外有什麼？

當貓一直看著窗外時，窗外也許有人類沒有察覺到的動靜。

察覺到有東西在動

貓的視力大約只有人類視力1/10左右的程度，算是不太優秀的視力。調查指出看得清楚的距離大約只有75cm。

貓對靜止的物體視力很差，但對**動態物體的察覺能力**卻很敏銳。整體只能看到模糊的影像，卻能夠捕捉到動態物體，就算**1秒只移動4mm**的微小動作也能夠反應。

這樣的視覺，配合能夠偵測細微空氣流動的鬍鬚，再加上比人類優秀許多的聽覺，就算遠在50m以外的動態物體也能察覺。

看到電視有反應也是此緣故

是否發生過貓一直盯著電視畫面看的情況呢？特別是播放**網球、足球賽或鳥類的影像等**，動態物體特寫時，貓的視線會追逐著畫面上移動的球，甚至想要抓住般伸出前腳。

貓看得懂電視嗎？實際上在貓的眼中，看不清楚電視到底在播放什麼。貓在色彩認知、捕捉形狀的精準度、亮暗的反應等，與人類相差很多，無法看到與人類相同的畫面。對**動態物體感興趣**的貓來說，純粹是察覺到有物體在動而作出的自然反應。

貓的視力在出生後二週至十週間可成長十六倍。有研究表示，在這個期間若只給貓看直條紋，之後這隻貓就只能夠辨識直條紋。

對動態物體很敏感

可察覺遠在50m外的動態物體。

凝視著電視

若播放動態物體，常會發生貓注視畫面
且有反應的情況。

果真無法不打獵？

**貓科動物的身體和機能是為狩獵而生，
即使無需捕捉獵物，依然殘留有本能反應。**

因動作及尺寸觸動開關

在視線範圍中「**不會過大，速度不會過快的動態物體**」，是貓的獵物標準之一。就算是無需狩獵的家貓，偶然看到進入屋內的昆蟲或窗外的鳥，都會很興奮並作出發現獵物的反應或狩獵行為。

貓的狩獵方式

發現獵物的貓會把**身體放低、耳朵直立朝前、鬍鬚張開呈現匍匐的姿態**，眼睛緊盯獵物，並**搖動尾巴**。蹲低身體是為了不被獵物發現，等到獵物一進入狩獵範圍，臀部會左右搖擺，後腳原地踏步再飛撲上去。只使用前腳捕捉獵物，以銳利的爪子壓制，狠狠的**咬住頸部**，給予致命一擊。這是貓最基礎的狩獵方式。

即使跟人類共同生活還是會出外打獵的貓，或在農場追捕獵物的貓，**打獵的技術、辨認獵物這類知識都是由母貓教導給幼貓**。一開始將已經殺死的獵物帶回巢穴，讓幼貓記得獵物，進而再給予受傷或較弱小的獵物作練習。無法從母貓那邊學習狩獵技巧的貓，則**依照本能自己學習打獵方式**。有研究指出，當給予單獨分開飼養的幼貓假的獵物時，仍會以狩獵行為捕捉。狩獵果然是貓與生俱來的本能。

埋伏也是狩獵方式之一。在老鼠巢穴前一直看守，等到獵物完全現身時立刻縱身上前。

貓打獵時的動作

狩獵姿勢是貓靠著本能就能夠學會的。

發現獵物

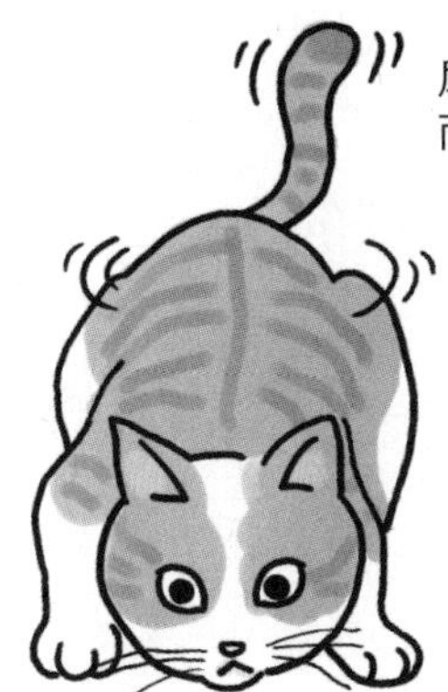

尾巴因為興奮而搖擺。

放低身體，準備飛撲。

臀部左右搖擺，後腳原地踏步。

緊盯著獵物不放。

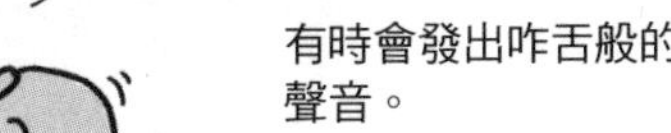

有時會發出咋舌般的聲音。

飛撲

後腳著地，配合獵物動態調整方向。

捕獲獵物

只以前腳壓制獵物。

張開手指，伸出爪子捕獲獵物。

貓的活動 之7

打架是幼貓之間的遊戲方式

不論是追趕還是扭打，都是幼貓之間的嬉鬧方式，
透過玩耍可以學習各種事物。

藉由遊戲提升運動能力

幼貓從**出生後二週至三週**開始會**玩遊戲**。起初是單獨一隻幼貓會用前腳攻擊移動的物體，到了第三週左右，開始會以眼睛追逐目標並用前腳捕捉。重複練習之後，幼貓同伴們就會開始玩遊戲了。

幼貓間的遊戲從露出肚子翻滾、以後腳站立等簡單的動作開始，接著轉變為弓著背橫向接近對方，先匍匐再跳出，相互追逐、扭打等運用到全身的複雜動作，出生後三個月左右進入高峰。

幼貓的遊戲幾乎包含了所有**狩獵時需要用到的動作**。幼貓們在遊玩的過程中鍛鍊肌肉，學習使用身體的方式及動作的時機，以提升運動能力。

同伴間的遊戲可以培養社交性

幼貓在玩遊戲的同時可以學習**與其他貓的交流方式**。像露出肚子倒下就代表邀請一同遊戲，弓著背橫向行進則是一邊威嚇敵方，一邊遠離的姿勢……遊戲中包含了**交流時的必要元素**。

此外，能夠學習到遊戲與打架不同之處在於**有規則並控制力道**。遊戲的基本規則就在於「假使一方不要，另一方也要停止」及「不要打架」。熱衷於遊戲的幼貓，自然就能夠學會規則。

幼貓也喜歡獨自玩球。還喜歡玩弄細長或會搖動的物體。

好友間的遊戲
從單純的動作演變複雜且有互動的遊戲方式。
簡單的遊玩
面對同伴倒下
或站立。
互相追逐
哪裡？ 哪裡？
有時會一邊躲藏，
一邊接近對方，
玩起捉迷藏。
扭打
出拳
太好了！
時常會對同伴連續揮
出貓拳。

貓的活動 之8

呈現香箱座姿勢時就能感到放鬆？

「香箱」是用來稱呼貓單獨的坐姿，有「香箱狀」、「香箱蹲」、「香箱座」……

由盛裝香道道具的盒子而來

芥川龍之介的小說《阿富的貞操》中有一段描述：「一隻體型碩大的公三色貓靜靜的呈現香箱狀坐姿。」若翻閱日本字典，**「香箱狀」**的解釋則是這樣記載**「形容貓把背拱成圓形蹲座的姿態」**（《大辭林》）。

所謂的香箱是指**放置香道所使用道具的箱子**。以漆塗裝、裝飾，並截去尖角的四角形箱子。在江戶時代，家境小康以上的家庭都會在嫁妝內放入裝有一整套香道道具的香箱。注意到貓摺起前腳藏在身體下坐著，這樣獨特的坐姿，並比喻為香箱的人或許是富裕人家的女性。

香箱是低警戒的姿勢

香箱的特徵在於摺起前腳。比起伸直前腳，呈現微微交錯的坐姿，更加**安心愜意**。腳掌接觸地面，若發生危險時可以立刻站起來攻擊或逃跑，但呈現香箱坐姿時，要伸展四肢並且讓腳掌著地站起需要花費較多的時間。

由於頭的位置還是保持在一定的高度，可以察覺四周動靜，比起完全橫躺來說還是稍微保有警戒程度。與其說香箱是放鬆休息，不如說是**喘一口氣，稍微放鬆的姿勢**來得恰當。

伸直前腳交叉的坐姿又稱之為斯芬克斯（人面獅身）坐姿。

香箱狀

是一種摺起前腳放在身體下方的坐姿。

名稱由來的香箱

裡面裝有一整套香道用具。

呈香箱狀的貓

摺起前腳藏在身體下的狀態。

從下方看來是這樣的姿勢。

比起香箱狀警戒心更高一些的伸直前腳坐姿。

貓的活動 之9

突然開始的貓咪運動會

原本很正常的貓，突然開始奔跑變得很亢奮，有時還會發出低吼。

遊戲？或有什麼特殊原因？

雖然並不能肯定貓突然**開始奔跑的理由**，這種現象類似幼貓的**「幻覺遊戲」**。這是幼貓獨處時的遊戲之一，跳來跳去、拍打地板，像是在捕捉幻想中的獵物。或許隨著成長，這種遊戲方式就成為貓咪運動會了。

另一方面，也可能是因為人類無法查覺貓所發現的契機。像是獵物所發出的聲音，或出現些微的動靜讓貓感到興奮。

貓咪運動會發生的時段是？

貓開始運動的時間**通常在夜晚**居多。這與每天傍晚五點至六點貓體內所分泌能夠促進食慾及精神的**荷爾蒙（皮質醇）**有關。因此所觀察到小貓的「幻覺遊戲」都在傍晚時分。

貓並非完全夜行性動物。原本野生貓科打獵不在夜晚，而是在獵物歸巢的傍晚或開始活動的清晨。此外有研究指出由於受到白天人類活動的影響，現在的貓**活動時間有一半以上是在白天，睡眠則有3/4以上是在夜晚**。貓咪運動會若在深夜開始或許有其他理由。

下雨天貓不太在外面活動是因為沒有獵物，而且討厭被雨淋濕。

開始貓運動會

突然跳起，全力來回奔跑。

傍晚是最有精神的時間

野生貓科生理時鐘影響了現代貓的荷爾蒙分泌。

傍晚時分泌促進精神的荷爾蒙。

早起是清晨狩獵遺留下的習性？

深夜絕對算不上有精神。

貓的活動 之10

會仔細掩蓋排泄物

貓會掩埋大小便是本能行為，但並不是每次都一定會這樣作。

基本的排泄行為

在安全場所進行排泄的貓基本上都很**從容**。一開始會到處走動，嗅聞地面上的味道，接著才挖掘地面，**坐下排泄**。完畢後，**聞聞排泄物的味道，並仔細地埋起才算完成**。

有些貓在室內貓砂盆排泄完後，在貓砂盆邊緣、蓋子邊緣或周圍牆壁會進行掩埋動作。此時會讓人產生「難道貓不知道那邊不是砂子？」的疑問，其實那是因為貓覺得貓砂盆太狹小所導致。代表貓想要更大的使用範圍，好仔細掩埋的表現。

有些貓在排泄完後，飛也似地從貓砂盆中跑出來，其實人類也是一樣，在不舒適的廁所中會盡量使用最短的時間解決。**若是舒適的貓砂盆，貓才會從容地走出來**。

掩埋排泄物是生存的本能？

貓**一天之中有75%以上的時間是在固定範圍內活動**，此範圍稱之為**核心區域**。根據研究指出，在核心區域排泄時，**掩埋排泄物是基本動作**。但若離開核心區域，不掩埋的情況就會變多。

由於核心區域是主要生活區域，因此可以想成是為了保持清潔所以掩埋排泄物。若將排泄物放這不管，容易踩到或接觸到身體，造成細菌等污染物附著在食物上，甚至有可能侵入傷口產生感染，非常危險。

對家貓而言，貓砂盆是核心區域，進行基本的排泄行為一定會進行掩埋。

貓的基本排泄動作

挖掘地面、排泄後，再仔細的掩蓋起來。

STEP 1 四處走動並嗅聞廁所及其周圍。

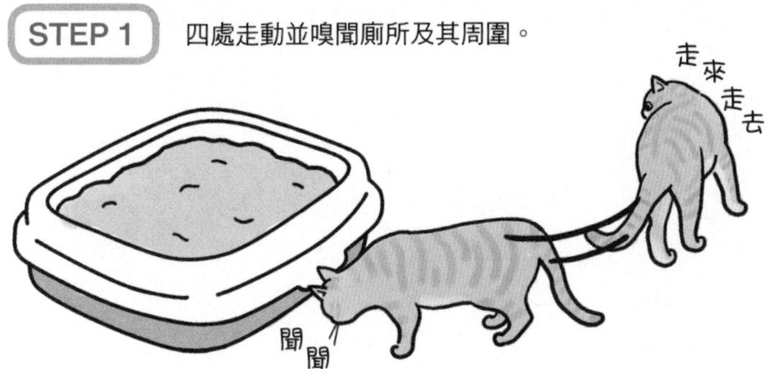

STEP 2 挖砂、坐著排泄。

此時尾巴無法動彈。

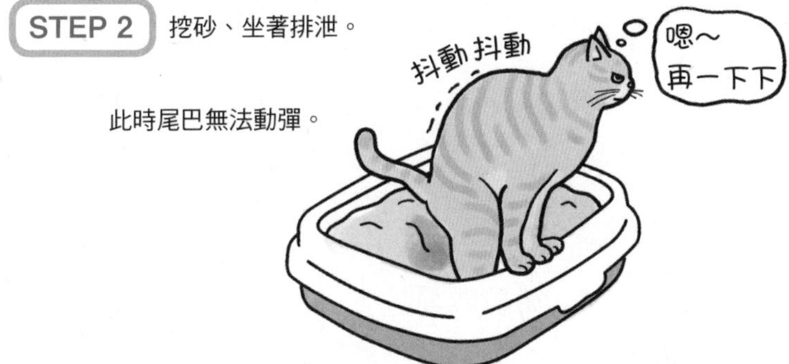

STEP 3 一邊嗅聞一邊掩埋排泄物。

聞一聞味道後

仔細掩埋。

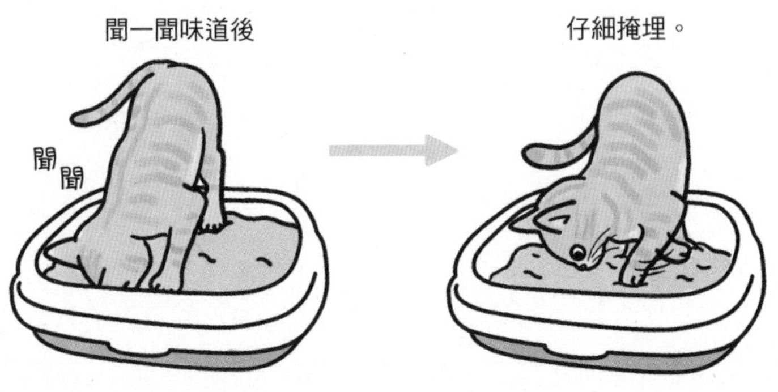

貓的活動 之11

直接站著小便所代表的意義

貓會對著樹幹或牆壁等垂直物體噴灑小便，這與基本排泄行為的意義不同。

為留下氣味而噴灑尿液

貓會刻意抬高下半身站立，一邊抖動著伸直尾巴一邊對樹幹、柱子及牆壁噴灑尿液，這種被稱為**噴尿**的行為與不想去貓砂盆排泄的行為是不一樣的。基本的排泄行為是聞一聞排泄物後再將它掩埋，但噴尿後不會特地去聞味道。

噴尿是為了**留下氣味而作記號的行為**之一。特別常見於未結紮的公貓身上，相較於一般的小便有著獨特的刺激性氣味。結紮之後的公貓有些會停止噴尿的行為，卻不能斷言可完全根除。只是由於荷爾蒙的作用，小便本身的氣味會變得與一般排泄物並無不同。此外，也有一些母貓會有噴尿的行為。

是溝通與不安的表現

噴尿行為大多會定期發生於固定場所，在此場所留下氣味。貓之間靠著這種氣味可達到得知對方存在、**告知發情**時期等目的。有時噴尿行為是由於**壓力及不安**所引起。靠著噴尿紓解壓力，使四周充滿自己的味道進而獲得安心感。

在坐著時發生踏腳與抖動尾巴後，不嗅聞氣味就直接站起離去的情況，也可視為噴尿的舉動。

噴尿的方式

站著小便是噴尿的特徵。

重點 1 **動作於較高的位置**

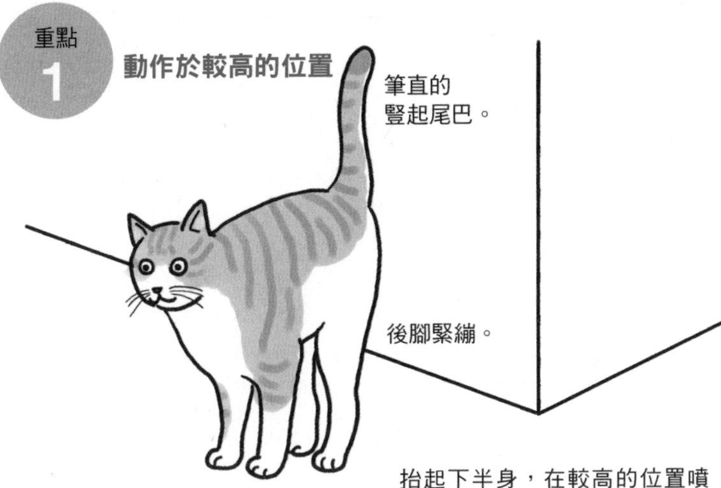

抬起下半身，在較高的位置噴灑尿液才能讓其他貓容易聞到氣味。

重點 2 **抖動尾巴**

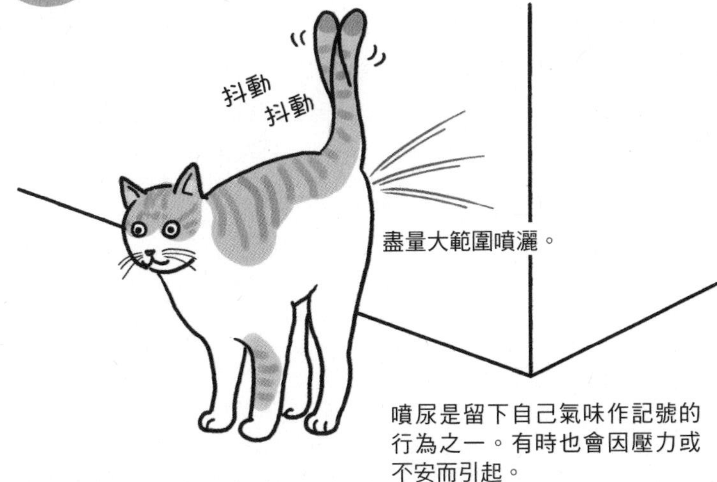

噴尿是留下自己氣味作記號的行為之一。有時也會因壓力或不安而引起。

貓的活動 之12

只要貓洗臉就代表快下雨了？

這是古時候流傳下來的傳說，但也有傳說只要貓洗臉就會出現晴天的地區。

濕度說與氣壓說

不只是日本古代文獻，英國等外國文獻上也記載著「只要貓洗臉就下雨」的傳說。實際上貓是不管天候狀況，每天都理毛的動物。牠們與天候的關聯並未獲得證實，這種傳說的依據以**濕度說與氣壓說**兩種為主。

被稱為觸鬚的貓鬍子，與眼睛上像是眉毛的長毛，是貓很重要的感覺器官之一。濕度說是指即將下雨時濕度上升，觸鬚受潮而導致感覺變遲鈍，貓會藉由洗臉來**整理觸鬚**保持其敏銳度。

而氣壓說則是指洗臉是能夠**和緩不安**的理毛方式。當快下雨時，貓會因為微妙的氣壓及濕度變化而感受到壓力，無法平靜，藉由洗臉來鎮靜心情。

各種貓與天氣相關的傳說

貓與天氣相關的傳說除了「貓一洗臉就會下雨」之外，還有**「只要貓到處奔跑就會好天氣」**、**「把頭藏起來睡覺就會下雨」**……在全世界流傳著各種傳說。其中也有流傳**「貓一洗臉就會有好天氣」**，從「貓洗臉」預測完全相反的天氣結果。即使毫無科學根據，光是由這些與天氣相關的傳說來看，貓或許有可以感受自然變化的神祕力量喔！

從著名武士——景伊直孝被貓所吸引，到寺廟躲雨並接受和尚弘法的軼事來看，招財貓的緣由與天候有關。

「貓洗臉」的說法

雖然沒有任何根據，但「為了整理觸鬚」及「為了鎮靜心情」兩種說法最廣為人知。

貓與天氣相關的傳說

有關貓與氣候方面的傳說非常多，或許兩者間有什麼密不可分的關係呢！

例 1

跑來跑去天氣會很晴朗。

例 2

把頭藏起來睡覺就會下雨。

貓的飲食習慣 之1

其實是美食家？貓最喜歡的味道是？

首先會以氣味判斷食物，當然也能夠分辨味道。所偏好的味道受幼貓時期飲食習慣的影響很大。

喜歡鹹味？對甜味不太有興趣

貓對食物好惡分明，討厭的東西就算肚子餓到最後也不會吃，是堅持自己喜好的美食主義者。

在貓的舌頭及口腔內有**味覺細胞（味蕾）**，能感受鹹味、苦味、酸味、甜味等味道。**最早對鹹味有反應**，經研究發現，幼貓在剛出生第一天，就可以分辨出普通的母奶與加了鹽味的母奶。

出生十天後，除了鹹味，也開始能夠感受到苦味、酸味及甜味，但**對甜味的反應較小**，還是有少數記住甜味而變得喜歡甜食的貓。

幼貓時期的飲食很重要

幼貓對味道的喜好，受到母貓的影響非常大。這是因為當幼貓斷奶時，最先開始吃母貓捉到的獵物，接著向母貓學習打獵技巧，自己也捕捉相同獵物的緣故。即使被人類餵食時，仍是模仿母貓的狀況。有調查結果顯示，吃香蕉和馬鈴薯泥的母貓所養育的小貓幾乎不吃貓飼料，而是選擇吃與母貓相同的食物。

此外，**出生後到六個月大左右的飲食內容決定了喜好**。例如：只餵食乾飼料，對其他飼料就比較沒有太大的興趣。但若讓幼貓挑戰各種食物，會為了追尋美味而嘗試新味道也不一定。

怕吃燙的人都會被戲稱為貓舌頭，然而貓所喜好的食物溫度大約在35℃至40℃左右。與自己體溫相近的食物較能促進食欲。

貓感受的味道

貓能夠感受到鹹味、苦味、酸味及甜味。

鹹味

對鹹味較為敏感。

甜味

即使給了甜食，也很少有開心享用的情況。

在生下來六個月左右決定喜好

到此時的飲食內容決定了味覺喜好。

與母貓喜歡相同的食物

保守派

若食物種類變化少，繼續吃相同食物的情況會較多。

挑戰派

若嘗試過各種食物對新味道會較為積極。

貓的飲食習慣 之2

喜歡魚？喜歡雞肉？貓草是必需品？

貓是全肉食動物。野生貓科從獵物中均衡的攝取蛋白質、脂質及維他命等營養。

只有日本貓喜歡吃魚？

連動畫主題歌中都描繪著貓叼著魚逃跑的景象，我們通常容易認為**「貓＝喜歡吃魚」**。但被稱之為貓科祖先的非洲野貓，生長在沙漠之中，通常所獵捕的**並非魚類，而是老鼠等小動物及小鳥**這類周遭的生物。

到了日本變得喜歡吃海鮮類，與其說是貓的喜好，不如說是**人文因素**造成的。日本是四周環海的島國，再加上因佛教而長時期禁止食用野獸的肉，海鮮就變成了蛋白質的主要來源。也就是說，不論是人類餵養貓的食物，或貓所能隨處獲得的食物都是海鮮。當然老鼠也是非常重要的蛋白質來源。

間接攝取到植物

貓常常被說**「為了要吐毛球所以吃貓草」**，這並非完全正確。因為毛球原本就會連同排泄物一起排出。貓有將長長的物體及隨風搖晃的物體咬著玩的習慣，在我們看來就像在吃草一樣，實際上**並非當作主食般積極地攝取**。

那麼野生貓科該怎麼辦呢？其實他們都有攝取到草類。**在獵捕草食性動物的同時，也可以攝取到其腸道所殘存的草類**。所以貓也是需要膳食纖維的。因此在貓飼料之中都含有膳食纖維。若讓貓吃貓飼料就無需特別再攝取貓草了。

精密計算貓所需要的各種營養素，只攝取這種貓飼料也沒問題的飼料通常會標示為「綜合營養飼料」。

貓喜歡魚是因為人文因素

可以想成這是受到日本人飲食生活的影響。

在江戶時代的通俗文學（御伽草子《貓之草紙》）中有針對貓的飲食生活所撰寫的文章。

祖先的獵物是老鼠和小鳥

野生貓科從獵物的內臟獲得豐富的營養及膳食纖維。

貓の食習慣 之3

貓咪吃飯的姿勢是源自野生的習性？

一點一點慢慢吃就會被人家說是「貓吃相」，這就是貓的進食方式。

獵物大小與消化機制

貓的進食基本上是**少量多餐**。有調查結果顯示，若長時間放置食物來進行實驗，**一天可以進食12回甚至是16回**。

野生貓科是以獵物為主食。不論是從體型大小或單獨打獵的方式看來，都不能抓到太過龐大的獵物。由於祖先留存下來的習性，**讓貓一次進食的量大約在一隻老鼠左右的熱量**。

與野生貓科相同，貓的身體機制配合這樣的飲食習慣。**食物通過消化器官的時間約需要12至24小時**。大約只需花人類一半左右的時間就可以將食物消化完畢。此外，貓的血糖值變化相對於人類或狗而言是非常平緩的，因此很少見到會餓到想要大吃的狀態。

進食的同時也會作這些事

出現拍打食器周圍或抓地板等像是要**把食物埋起來的動作**。這是為了想要將沒吃完的食物**藏起來（儲食）**，是自遠古時代所遺留下來的習慣。

叼著食物移動是一樣的道理。當貓完全沒有吃，只是單純掩埋時就代表「討厭！」「不要」等抗拒反應。相反的當吃到好吃的食物時，會仔細的洗臉並且發出咕嚕咕嚕的叫聲代表滿足。

將食物投擲出去般的丟出去然後再抓回來，彷彿在玩弄獵物般，也是貓的一種遊戲喔！

少量多餐的進食方式

野生時代所殘留下來的習性，
是配合身體運作的進食方式。

每次都將打獵所捕獲的獵物吃掉

留下的習性

一天進食
12至16次

一次進食的量大約為
一隻老鼠左右

與人類和狗相比，血糖值的變化較為和緩，吃飽與飢餓的差別不大。

埋起來保存或拒絕食用？

有時會採取像是掩埋食物的行為。

將食物保存起來又稱之為儲食行為。

有時是代表「拒絕」這個食物。

專欄

貓有慣用手（前腳）嗎？

英國的動物行為研究者華倫（J.M.Warren）日前進行貓是否有慣用手（前腳）的研究。並針對83隻貓調查其優先使用的前腳。順帶一提，若針對自己家裡的貓進行這項實驗並不困難喔。只要揮動逗貓棒這類的玩具，調查看看貓先伸出哪隻前腳即可。經過幾次測試就可以清楚常用的是哪隻前腳了。

而華倫所調查的結果是先使用右前腳的貓占20%、先使用左前腳的占21%，兩腳使用度相當的貓占59%，可說是幾乎沒有差異。實際上當打架或狩獵時沒有這樣的餘裕去思考「不用這隻腳就怪怪的」這件事吧？

與慣用手稍微有點關聯，在這裡想討論的是「招財貓」。招財貓也有分為慣用右手招財與慣用左手招財。一般而言使用右手是招福氣（財運），使用左手則是招人緣（客源）。因此舉右手的是用來祈求「家庭平安」，而舉左手則是求「生意興隆」。然而，其中還有舉雙手的招財貓呢！若以貓沒有慣用手的角度來思考，這或許才是最合理的，但是否有點太貪心了呢？

第2章

貼近貓身體的祕密

柔軟的身體、神祕的眼睛、優越的平衡感……
在貓小小身體裡隱藏著
我們所想像不到的各種祕密。
在本章中，就讓我們一起來瞭解貓的身體特質
是如何呈現在貓的行為上吧！

貓的智能有多高？

貓在一定的條件之下可學習各種事物，智能相當於人類1歲半至2歲左右。

1歲半至2歲左右的智能？

為了測試貓的學習能力進行了各種實驗。經由實驗證明貓擁有拉下把手就可取得食物、走出迷宮、選出特定記號的能力。

智能量表其中有一項名為「**對象的永久性**」。這是指例如丟出去的球在途中被箱子遮住而看不見，依然知道球還存在於這個世界上。此時就算看不到球，貓也會想像球的軌道，尋找球再次出現之處，並守候在一旁。**人類能夠理解這件事情大約是在1歲半至2歲之間**。

人腦在掌管創造及語言相關的「大腦新皮質」非常發達，而貓發達的腦域則是與「本能慾望」及「感官刺激相關」，即大腦邊緣系統及掌管運動能力的小腦。與其說像人類一樣用頭腦思考，不如說貓是從感官刺激及實際的身體動作中學習。

認識簡單的詞彙？

貓會記住自己的名字或「吃飯囉」等反覆使用的**簡單詞彙**。雖然知道意義，卻並非當成語言般理解。而是把詞彙的發音，與聽到這個發音時**所發生的狀況聯想在一起**。因此「吃飯」的發音會變成將要端出食物的信號。與貓對打開冰箱門或罐頭的聲音有反應是的相同道理。

比起本能及習慣，每種動物都有擅長學習的技能與不擅長學習的技能，因此單純比較動物間的智能是很困難的。

就算看不見也知道「存在」

貓知道即使看到的物體消失於視線之內，也並非消失在這世界上。

能瞭解球是被擋住，並會一直盯著認定有球的地方。

會將詞彙與狀況連結並且記住

「吃飯」＝「可以得到食物」如此連結詞彙與狀況並且記住。

就算聽到「吃飯」這個發音，若沒有得到食物，當詞彙與狀況無法連結時，則不會有所反應。

眼睛的祕密 之1

剛出生時眼睛都是藍灰色

貓的眼睛顏色在出生後約3個月左右會開始產生變化，逐漸變化為成貓眼睛的顏色。

幼貓的眼睛沒有色素

在此眼睛顏色所指的是虹膜（瞳孔四周有顏色的地方）的顏色。而虹膜的顏色是由「麥拉寧色素」的量所決定的。然而剛睜開眼睛的幼貓，虹膜的色素尚未生成。因此出生後2至3個月之間，無關品種與遺傳，眼睛全部都是**灰藍色**。這是由於沒有麥拉寧色素，可以看到位於虹膜後方，視網膜的色素上皮層所呈現出的藍色。出生後週左右，房水（眼房中的液體）並非完全透明，因此會影響到呈現出的顏色。

長大後眼睛依然是藍色的貓

貓眼睛的顏色有黃色系、咖啡色系、綠色系等，其中也有長大後依然保持**藍色眼睛**的貓。那是因為維持著幼貓時期的模樣，**虹膜的色素並未生成的緣故**。相同的，若沒有形成毛色色素，就會變成白貓。

若同時有多種色素無法生成時，例如藍色眼睛的白貓通常會有聽覺上的缺陷。而被稱為「**Odd-eye**」，**左右兩眼顏色不同的貓**，若毛色也是白色，也會有藍色眼睛那側的耳朵聽不見的情況發生。雖然不太確定這種缺現產生的原因，但缺乏色素**在自然界中算是一種不良的型態**。即使如此，到現在依然存在著沒有色素的貓，那則是人類特意育種的結果。

黃色系和藍眼睛的Odd-eye還有「金銀瞳」的別稱。左右眼睛顏色不同的虹膜異色症不只發生於貓的身上，也可以在狗的身上發現。

幼貓眼睛顏色的變化

伴隨著成長，虹膜的麥拉寧色素生成後，眼睛的顏色就會隨之改變。

出生後2至3個月的小貓

由於沒有色素，眼睛呈藍灰色。

長大後的貓

眼睛呈黃色系、咖啡色系、綠色系等顏色。

與眼睛顏色有關的障礙？

藍色眼睛的貓，根據其毛色判斷可能有聽覺方面的障礙。

藍色眼睛的白貓

藍色眼睛的白貓多半有聽覺障礙。

Odd-eye的白貓

左右眼睛顏色不同的Odd-eye，常有藍色眼睛那側耳朵聽不見的例子。

眼睛的祕密 之2

在黑暗中眼睛會發光

貓的眼睛能夠對應各種亮度，不論是在陰暗處或明亮處都可以看到物體。

貓的眼睛在黑暗中發光的原因

貓的眼睛在黑暗中會發出光芒。其中的祕密就在於眼睛的構造。當光線進入眼睛後，由視網膜吸收並構成影像，再由更後面的「**脈絡膜層**」將通過視網膜的光線反射回去，再一次把影像傳回視網膜上。就是「脈絡膜層」所反射的光，讓貓的眼睛在黑暗中發出亮光。

就像「變化如貓眼（意指變化無常）」這句話所說的，貓的**瞳孔**有時會變成圓形，有時則會呈現宛如絲線般狹長的樣子，這種變化是貓的特徵之一。這是因為貓的眼睛靠著**瞳孔的大小調節吸收的光線量**。在陰暗處放大瞳孔，吸收大量光線。同時，貓的眼睛佔身體的比率比人類更高，因此可吸收更加充裕的光線。搭配上脈絡膜層的功能，只需約**人類1/6的光線即可看見物體**。因此在明亮處為了不讓光刺痛眼睛，瞳孔會變得細直，以減少光線的進入。

也會使用眼睛表達感情？

瞳孔不只受到明亮度影響，也會隨著貓的**精神狀態**產生變化。在遊玩等**興奮**時，被**驚嚇時或害怕**時，瞳孔會打開呈現圓形。另一方面，若要攻擊對手時，瞳孔則會收縮變細。有一說是因為在**攻擊獵物**時，瞳孔變細更能夠從草叢間看到對手的緣故。

獅子或老虎等大型貓科動物的瞳孔是圓形的，並不會像貓的眼睛一般變成細線狀。

將吸收的光線再利用

在視網膜深處名為脈絡膜層的部位，可增強光線並進行反射。

眼睛的構造

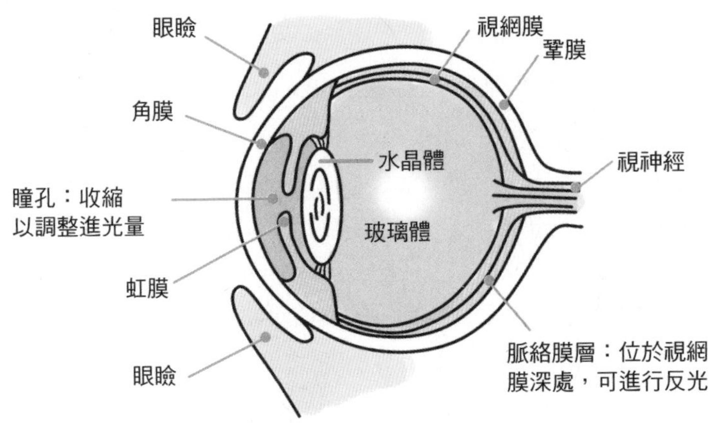

因亮度與精神狀態改變的瞳孔形狀

並不只用來調節光量，同時也表現出精神狀態

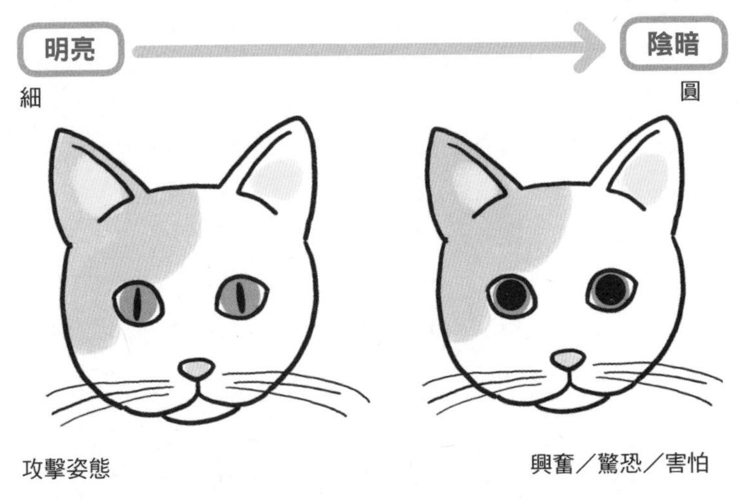

眼睛的祕密 之3

貓是怎樣看世界的呢？

貓感受明暗的能力優於辨色能力。靠著雙眼可抓住正確的距離感。

不太認識顏色

不論是人類或貓，視網膜上皆有感受光亮的「桿狀細胞」及分辨色彩的「椎狀細胞」，但兩者各別的數量與分佈的位置卻不相同。人類在視網膜中心處，由於聚集了「椎狀細胞」，因此辨色能力較為優秀。

貓則是因為分辨明暗的「桿狀細胞」比例較高，因此**色彩辨識能力較為薄弱**。以前認為貓完全無法分辨色彩，現在則認為貓知道一定數量的色彩。至於大約知道哪幾種顏色，調查結果都不一致，因此尚未有明確答案。

能判斷動態與距離感

貓的靜態視覺大約人類的1/10左右，細部幾乎呈現模糊狀。是從明顯的差異與整體形狀來分辨物體的。貓的視網膜細胞與人類幾乎完全相同，但貓的腦部卻無法一一處理所有細胞接收到的情報。因此視力便演化成為比起看清楚細部，更先感受到周圍物體的動態。

貓的眼睛在臉部前方位置，**雙眼視線**大約在**前方90至120度**左右（左右視線重疊部分）。雙眼視線的範圍是左右兩眼各別看見的影像，經由腦部再次調整，**可測量立體的捕捉距離**。因此根據雙眼視線，能正確捕捉貓與獵物間的距離。

從貓的左右眼視神經與腦部聯繫方式與人類相近，可得知貓看見的是立體影像。

以雙眼視線看立體影像

可看見前方90至120度左右範圍的立體影像。

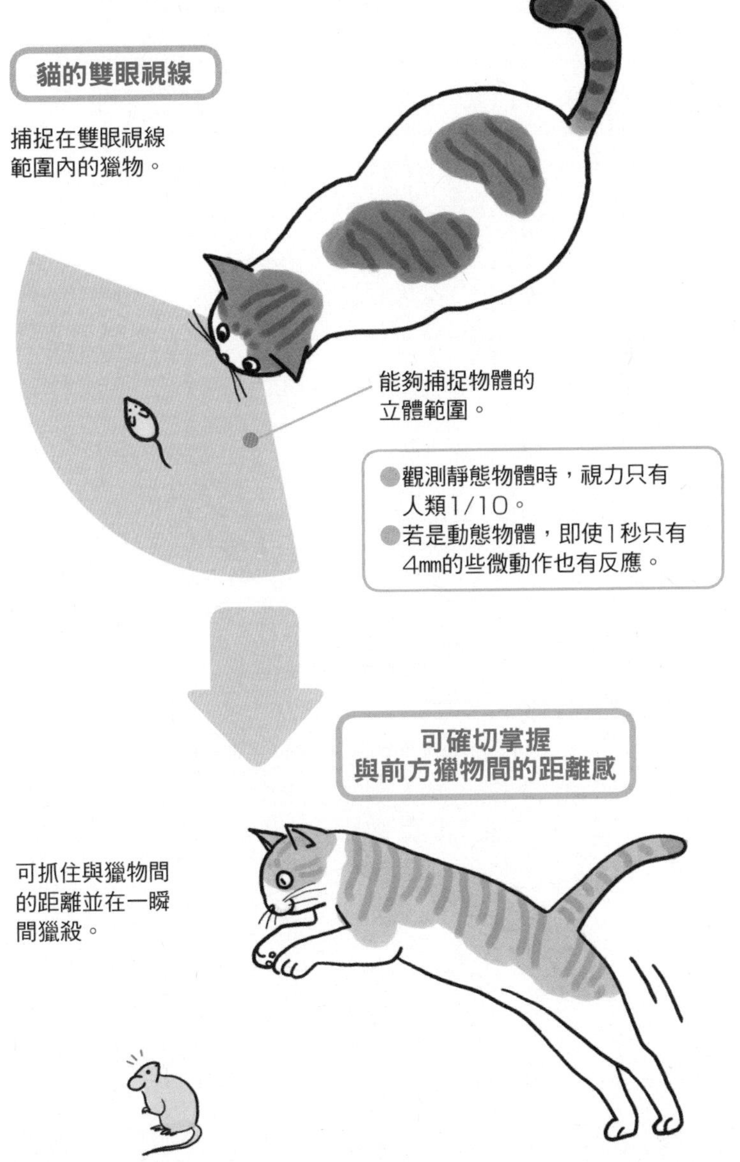

鼻子的祕密 之1

抽動鼻子藉以判斷氣味

雖不及狗的嗅覺，貓的嗅覺仍非常優秀。從最初成長階段就開始發展，對幼貓的生活扮演著非常重要的角色。

以氣味判別食物及與對方的關係

若比較嗅覺神經集中的**嗅球**細胞數，人類約5200萬個，貓約有6700萬個。即使嗅覺比不上狗，但以能力而言，就算當不成緝毒犬卻還可以充當緝毒貓這樣的發達。

氣味對貓的飲食非常的重要。因為貓會**依據氣味判定**該不該吃，好不好吃。若鼻子塞住了無法聞到味道，貓的食慾就會瞬間降低。

此外，貓依據氣味來判斷是否為熟悉的東西、是否能讓人安心。貓之間彼此靠近臉部，以相互嗅聞的方式來打招呼，對是否為認識的人也是用氣味判別。在自己周圍摩擦殘留氣味，是因為待在充滿自己味道的地方才會覺得放鬆。相對而言，當遇到不認識的物體時，也是先以氣味來確認。

出生後最先依靠的感官是鼻子

出生後立刻發展成熟，**幼貓最開始所依靠的**便是**嗅覺**。從出生後3天左右，幼貓哺乳時，就會各自選擇喜歡的乳頭，並在那裡喝奶。此時，眼睛尚未睜開的幼貓是靠味道尋找自己專用的乳頭。當幼貓離開巢穴時，會發出哭叫聲，但一聞到巢穴的味道便會變得冷靜下來。若放在巢穴附近，會依循巢穴的味道爬回去。

就像俗諺「給貓木天蓼」這句話所形容，貓對木天蓼這類特定植物的味道會有強烈的興奮感。

依靠氣味判斷各種事物

貓依據氣味來判定對食物的喜好及與對手之間的關係。

熟識人類的氣味。

聞起來好像很好吃。

認識的貓氣味。

陌生貓留下的氣味。

出生後立刻發育成熟的嗅覺

視力發展成熟前的幼貓依靠的是嗅覺。

被母貓及巢穴的氣味包圍
就會感到很安心。

鼻子的祕密 之2

聞了味道後臉變得很奇怪

貓有著除了鼻子之外的嗅覺器官。當使用這個器官時，嘴巴會呈現半開的表情。

從嘴巴品嚐氣味

當貓在聞其他貓臀部的味道時，首先會將鼻子貼近扭動之後，**嘴巴半開，呈現吸氣般的模**樣。臉部像是皺眉又像是在打呵欠的行為，稱之為「**裂唇嗅反應**」。

裂唇嗅反應與貓所擁有的另一個嗅覺器官「**犁鼻器**」有關。犁鼻器位於上顎，**入口為前齒背後的兩個小洞**。當張開口吸入空氣時，這個器官就會擷取舌頭上空氣的氣味。因此才會看起來像是上唇抽動的模樣。

接收費洛蒙的犁鼻器

犁鼻器所嗅到的味道，與鼻子所聞到的味道，會尋著不同的路徑傳到腦部。主要是接收自己以外的貓的情報。特別對發情時母貓尿液中所含的**性費洛蒙有很強的反應**，這點廣為人知。

費洛蒙給人很強的性方面的印象，但並不只如此。通常也會用於在路過的場所作記號時、互相認識時、和傳達力量關係的情報時。可以說，貓能利用犁鼻器，接收其他貓所留下的費洛蒙，蒐集各種情報。

有時，貓會對人類的髒襪子有裂唇嗅反應。或許襪子上有類似貓費洛蒙的氣味也說不定喔！

貓以外的動物之中，最為出名的是嘴巴大開牙齒外露，看起來像是在笑一般的馬裂唇嗅反應。

開口聞味道

裂唇嗅反應是從前齒後吸取味道。

裂唇嗅反應時的表情

嘴巴呈現半開狀態。捲起上唇吸氣。

犁鼻器

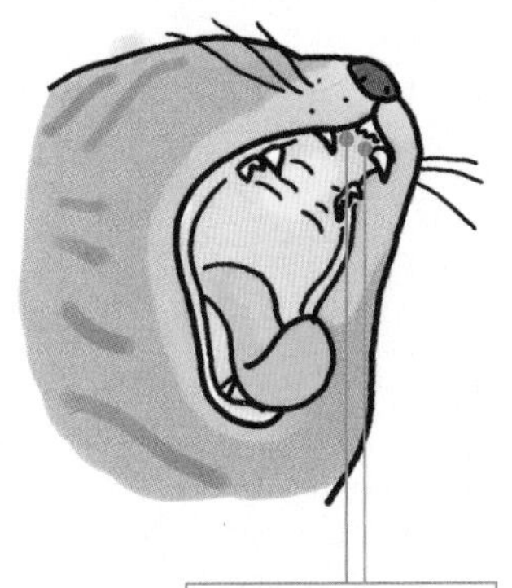

位於前齒背後的兩個小洞

接收其他貓的氣味

經常對其他貓所留下的氣味出現裂唇嗅反應。

嗅聞其他貓的小便

牙齒的祕密

尖銳犬齒所蘊藏的狩獵能力

上下各兩根尖銳的犬齒是貓獵殺目標時的最大武器。

犬齒也會有感覺

飛撲獵物的貓會用前腳壓制獵物，並一口咬斷脖子使其斃命。以**銳利的犬齒**插入，咬斷脊髓、貫穿延髓，使獵物停止掙扎。然而，要一口咬中正確位置，發揮如此的效果，需要經驗及技術。幼貓也會有捕獵失敗而被獵物反擊的事發生。

貓以視覺找出頸部，以觸覺確認獵物毛髮的生長方向等，來判斷出攻擊部位。犬齒也扮演非常重要的角色。在犬齒根部有大量的感覺細胞，可適時**調整啃咬位置及方向**。是否咬斷脊髓等，可**由犬齒的感覺得知有無給予獵物致命的一擊**。

臼齒的功用在於撕碎

貓有上16顆、下14顆，合計30顆牙齒。上下相同，在銳利的2顆犬齒間各有6顆門牙。這些門牙也常用於理毛。其他的牙齒雖然相當於人類的**臼齒**，但功用不同。因為**貓科動物沒有咀嚼的動作**。牙齒形狀與人類臼齒不同，並非平的。貓用**尖銳的臼齒把食物撕成適當大小**，然後就**直接吞下**。

貓的牙根非常淺，若上了年紀，關於牙齒方面的疾病就會增加。特別是較小的門牙較容易脫落，因此，常可以看到沒有門牙的貓。

有時會發生因為齒垢堆積而造成的口腔發炎。通常餵食乾飼料較不易造成齒垢堆積。

以犬齒確認獵物的要害

犬齒根部有可以確認正確脊髓位置的感覺細胞。

犬齒在給予獵物致命一擊上有很大的幫助。

有30顆恆齒

為了用來撕裂食物，連裡面的牙齒也是尖銳的。

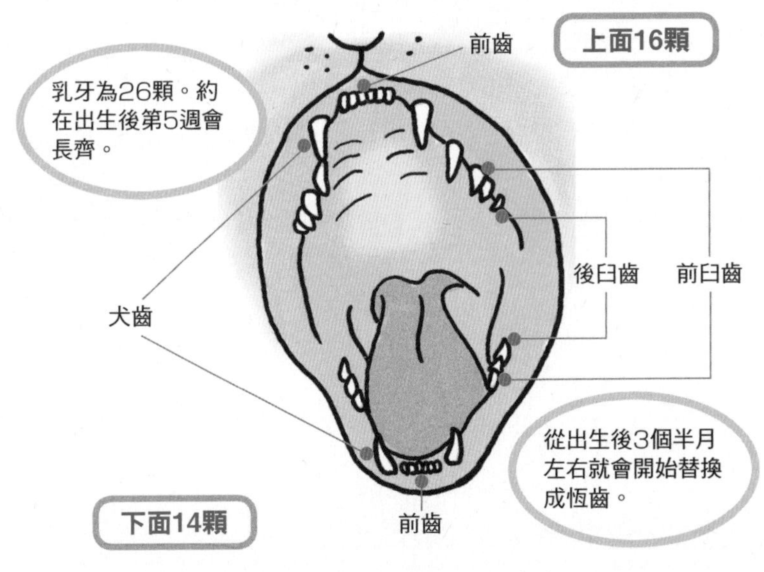

舌頭的祕密

將舌頭當作湯匙來喝水

貓的舌頭呈圓形，可以作為舀取水分的器具來喝水。

舀取水份送到嘴裡

描繪貓的著名小說，保羅·葛里克的《珍妮（Jennie）》有一幕，母貓珍妮教導突然變成貓的主角，以舔食無法喝到的盤中牛奶，該如何飲用的場景。事實上，幼貓會低下頭以口就水，再舔食嘴巴周圍的水，隨著成長，便學會**以舌頭舀水般的喝水方式**。將舌頭向後捲起，呈現湯匙狀把水送入嘴巴喝下。

貓舌頭上有稱之為「**鉤狀乳突結構**」的粗糙突起物。這些突起物可取代叉子將獵物的肉與骨頭分離，在理毛時也可用來當作**梳子**。

對各種水份充滿興趣

有些貓對水龍頭流出的水，這類的**活水**感到有興趣。並非對器皿有興趣，而是爬到水槽上，想要讓水一直流出來。與其說貓喜歡新鮮的水，不如說牠**對水流感興趣**。當人類教導貓使用廁所時，有些會人略過沖水不教。是因為貓對流動的水很有興趣，會一直重複沖水。

有時候貓不喝碗裡的水，而特別去喝**儲存在浴缸**或**花瓶**裡的水。有一種說法是，貓在遠古時代會喝沙漠裡的積水。但也有可能是貓覺得在「喝看看」的同時，會因此大驚小怪的**人們的反應很有趣**也說不定喔！

在貓舌頭的神經中有對水有反應的神經纖維，只需少量水即可知道液體裡是否含有鹽分。

以舌頭舀起水來飲用

將舌頭捲成圓形湯匙狀般使用。

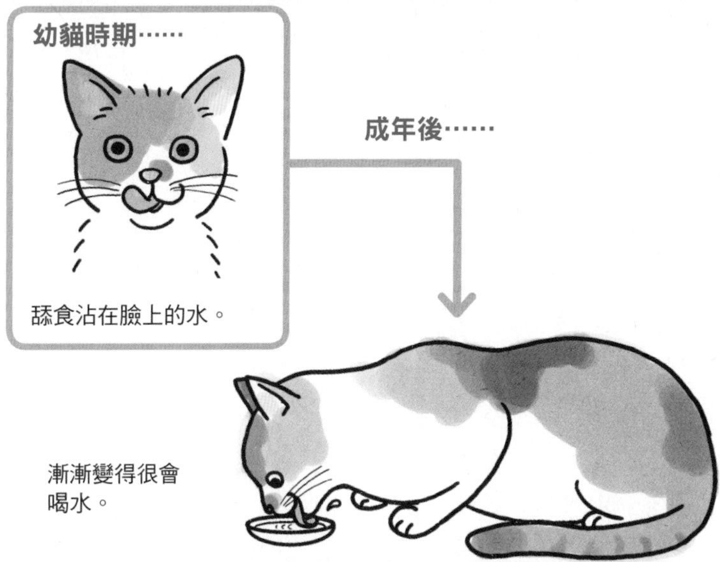

舌頭有粗糙的突起

舌頭不只是用來品嚐味道還有各種功用。

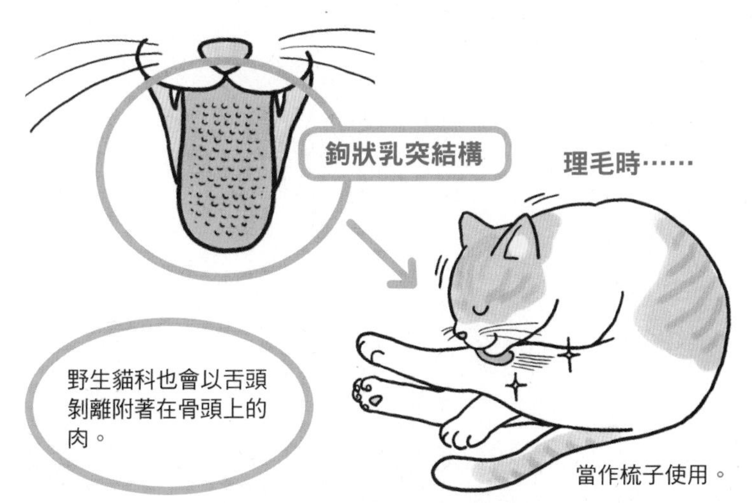

腳的祕密

可以無聲無息快速奔跑

貓可以不發出聲音靜悄悄的走路。能在短距離內以相當快的速度奔跑。

能夠隱藏腳步聲的肉墊祕密

在貓的腳後方，沒有長毛的皮膚處被稱為**肉墊**。摸起來有彈性又柔軟的肉墊，有作為貓腳部緩衝墊的效果。可以**緩衝從高處著地時的衝擊**，並在走路時**吸收腳步聲**。貓走路之所以能不發出腳步聲，就是依靠可自由伸縮的爪子及肉墊。

在肉墊內側有許多神經，非常敏感。因此在寬度狹窄的圍籬上或不穩的地方行走時，能夠以肉墊來確認腳下的狀況。肉墊是貓**唯一明顯會出汗的部位**。由於緊張時肉墊會流汗，在通過難以行走處時，可以達到**止滑**效果。

適合奔跑的腳尖站立

肉墊呈現出手掌與手指般的形狀，看起來像手掌的部位，其實相當於人類手指根部的邊緣。也就是說，貓以**指頭部分著地，且都是使用指尖走路**。就像人類跑步時，身體會稍微前傾腳趾往上勾一般，貓或狗以腳趾站立是最適合跑步的型態。

後腳宛如膝蓋般彎曲處，就像是人類的腳踝部分，然而，上面看起來像是大腿的地方則是膝蓋。從這邊連結背部的，是強而有力的大腿。柔軟且發達的大腿肌肉能成為跑步及跳躍時的推進力。

貓科動物之中，只有獵豹是一直把爪子伸出來的。由於奔跑時速超越100公里，因此爪子有相當於釘鞋的效果。

用以緩衝的肉墊

貓之所以來無影去無蹤，主要都是因為肉墊的緣故。

貓的前腳後側

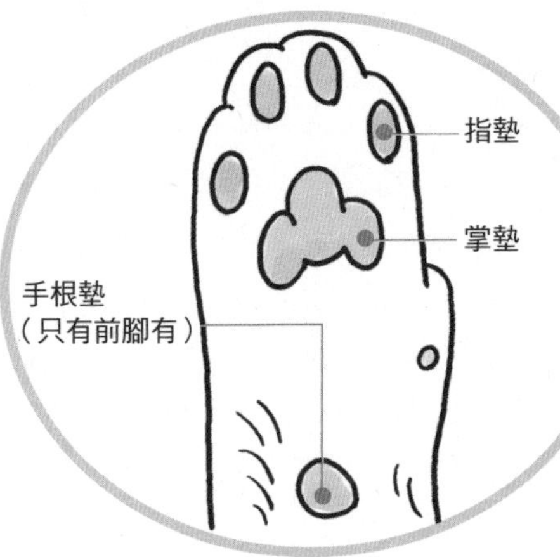

前腳有5根腳趾

能大大張開的手指，捕捉獵物時十分方便。

另一方面，後腳是4根腳趾，主要是負責跑步與跳躍。這是由於擅長奔跑的動物指頭數都比較少的緣故。

對人類而言，貓幾乎是以腳尖站立

貓與人類相比，腳部各部位比例皆不相同。
這是為了適應奔跑而演化成的最佳型態。

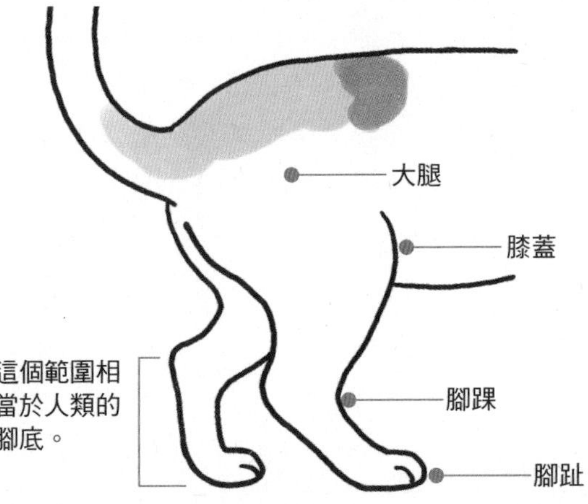

柔軟的身體與貓咪空中三回轉

貓身體最大特徵就在於其柔軟性。其次最為人所知的還有在空中能夠協調的優越平衡感。

骨骼、肌肉、關節都很柔軟

貓的骨骼基本上與人類並無太大差異，但相較於人類的200多個骨頭，貓大約多了10至20％左右。特別是許多短骨相連而成的**脊背骨**，在**數量上比人類多出許多**。而貓將脖子向前延伸，低頭讓背拱成圓形的姿勢被稱之為「貓背（日文有駝背的意思）」，實際上貓的**背部可輕易的彎曲或伸直**。由於骨頭數量多，且既柔軟又輕巧，可以作出各種姿勢。

貓身體的另一個特徵，是與人類相較之下，連結胸部與肩膀的**鎖骨很短**。因此，人類的手臂是連結於身體側面，貓的前腳看起來卻是連結於胸部。替代小小鎖骨連結肩膀與前腳的是強而有力的肌肉。連結全身肌肉、關節與骨頭的韌帶也比人類或狗來得柔軟。

在空中可快速調整體態的平衡感

從高處墜落的貓，在空中回轉後，漂亮的以腳部著地。背部朝下墜落的貓在空中調整姿勢所花的時間僅需約**0.5秒**。這項能力會在出生後4週逐漸展現，在出生後6週幾乎成熟。

能夠作出這樣反應是因為貓擁有**優越的平衡**感。在耳朵深處的**三半規管**控制著平衡。而就算是聽力受損的貓，只要耳朵內部名為「**前庭器官**」的部分沒有受損，照樣可以進行相同反應。

貓之所以能修正姿勢，由腳部著地，是只有當身體與地面成水平的狀態時。若頭或尾巴朝地落下時，就會這樣直接落地。

開口聞味道

不論是跑步或跳躍，背部的動作都非常重要。

接收其他貓的氣味

快速在空中修正姿勢，然後著地。

STEP 1

修正頭部位置，回轉上半身。

STEP 2

旋轉下半身使其與上半身呈一直線。

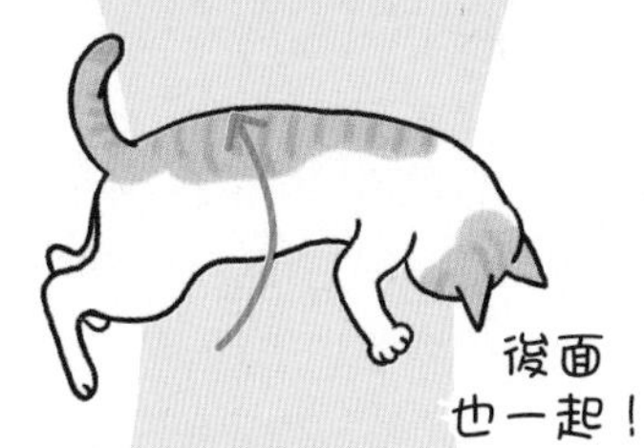

STEP 3

就這樣直接由腳著陸。若有60cm左右的距離，便可修正姿勢完成著地。

以鬍鬚來確認四周的環境

貓的鬍鬚是非常敏感的雷達。不只是接觸到的物體，對空氣的流動也有反應。

是擁有功能性的觸覺器官

貓的鬍鬚為了能夠確認四周狀況而特別發達，是被稱之為「**觸毛**」的觸覺器官。鬍鬚除了在**鼻子下方**最為顯眼之外，**眼睛上方、臉頰、下巴下方**也有。

鬍鬚根部被與神經相通的大血管包圍，只需感覺到些微震動，便會傳遞到神經。就算只有**2毫克的重量，神經也能偵測到**。除了直接接觸物體，即使沒有接觸到，也會由障礙物所產生的氣流感受到四周環境。視力不良的貓奔跑時靠著鬍鬚避開障礙物。

若觸碰眼睛上方及臉頰的鬍鬚，貓會反射性的眨眼。這是因為要保護重要的眼睛。

還有一處也有鬍鬚，那就是位於前腳後側，被稱為手根墊，一處離得較遠的肉墊附近。

會根據動作而改變方向的鬍鬚

位於鼻子下方的鬍鬚能夠自由活動，因此會根據行為而改變方向。當**行走時**，鬍鬚會**向前方與左右擴散**，盡可能地蒐集情報。**休憩時**，鬍鬚則會**貼在臉頰左右兩側**。與其他貓打招呼時，鬍鬚會延著臉部側面朝下，前方有引起注意的物體時，則會往前突出。

位於前腳的鬍鬚，比起伸出前腳的動作，對身體所引起的動作更加敏感。這被認為與捕獲獵物的動作有相關性。

位於臉部4個位置的觸覺器官（鬍鬚）

眼睛上方的長毛跟鼻子下方的鬍鬚有著相同的作用。

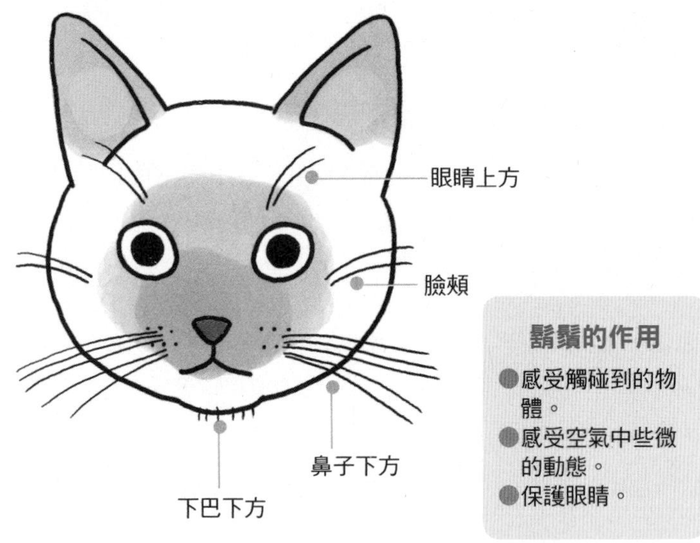

鬍鬚的作用

- 感受觸碰到的物體。
- 感受空氣中些微的動態。
- 保護眼睛。

鬍鬚方向的變化

鬍鬚的方向會依照動作及行為有所變化。

走動時

休息時

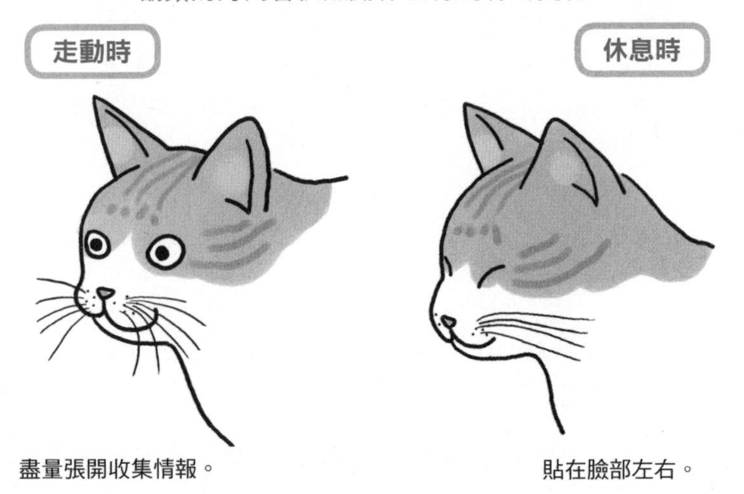

盡量張開收集情報。

貼在臉部左右。

耳朵的祕密

可以聽到什麼呢？

貓可以聽到人類沒有注意到的聲音。當你看見貓若有所思的樣子時，或許牠正專心聽某些聲音喔！

豎起耳朵聽取人類無法察覺的高頻率

聲音的頻率高低可用顯示空氣震動的週波數「赫茲」來表現。人類能夠聽取的範圍大約在16至20,000赫茲。20,000赫茲以上則稱之為超音波。然而，貓可以聽到最低的聲音約在20至50赫茲，在低音部分較人類來得稍弱，但在聽取高音的能力，據目前所知遠遠超越人類的20,000赫茲，可達**78,000赫茲**。此外在**高音域部分也可以分辨出聲音微妙的差異**。

貓之所以對高音特別敏感，是為了**聽取獵物的聲音**。老鼠這類囓齒類動物親子間大約是以17,000至148,000赫茲進行溝通。實際上，貓一旦聽到母老鼠的聲音，就算是從未見過老鼠的幼貓也會對聲音有所反應，並加以攻擊。

用自由活動的耳朵擷取音源

貓耳朵的另一特徵在於**耳朵能左右轉動180度**。可快速轉向發出聲音的方向，識別聲音來源。且耳朵形狀能夠像拋物線天線般展開成適合蒐集聲音的形狀，因此捕捉音源的能力非常優秀。

耳朵方向不只對聲音有反應，也會隨著貓的精神狀態而改變。平時雖然都會豎起耳朵，對敵人的攻擊想要迴避的防禦體態時，耳朵會往側邊倒下。而在受到驚嚇的興奮狀態下，耳朵會完全向後倒。

幼貓在出生一週內就可以辨別聲音位置，兩週左右就會對聲音來源位置有所反應。

對高音非常敏感

能夠聽取並分辨人類無法聽到的高音。

－可聽取的聲音範圍－

低音  高音

超音波為20,000赫茲以上

人類 16至20,000赫茲

貓 20至78,000赫茲

高音域可以聽取到將近人類4倍的範圍喵。

耳朵可自由活動

左右耳各自可轉動約180度

兩耳一起轉向同一方向。

兩耳能夠單獨活動。

血型的祕密

捉摸不定的貓，血型是？

血型與性格間的關係是很熱門話題，而貓也有血型。卻不是所謂的「反覆無常的B型」。

貓的血型與性格間的關聯

貓的**血型**分為3種——A、B、AB型。但這樣的分法是便宜行事的作法，與人類的ABO血型並沒有關係。在日本住的貓之中，**有90%以上都是A型，B型非常少見，AB型則大約只占1%左右**。

以人類的血型來判斷，常會將貓歸類為「捉摸不定的B型」，貓與人類相同，並非血型一樣就會擁有同樣的性格。貓的個性雖然一部分受到遺傳影響，與**飼養環境還是有較大的關聯性**。常被說「很像主人」就是這個緣故吧！

A型與B型不得交配？

貓的情況是同為A型的雙親所生下的是A型，A型和B型所生下來的則有可能是A型、B型或AB型。但是**A型和B型交配被認為是非常罕見的**。B型和AB型之所以罕見也是這個緣故。況且A型與B型所生下的幼貓不易存活，也是數量少的主要原因之一。

B型對A型擁有相排斥的**抗體**。當母貓為B型幼貓為A型時，排斥A型的抗體一旦進入喝下初乳的幼貓體內，會破壞幼貓的紅血球，引起新生兒溶血症及黃疸等疾病，也有因此而喪命的幼貓。

若因為打架或疾病進行輸血時要小心確認血型，A型只能輸A型血，B型只能輸B型血，千萬不可以弄錯。

外國種的貓，也有品種是B型貓較多。由人類育種時，一般都會讓同為B型血的貓相互配對。

即使血型相同個性卻不同

雖然遺傳會影響貓的性格，但主要因素還是來自於環境。

依據成長環境養成不同性格。

B型血對A型血有抗體

當母貓為B型、小貓為A型時，幼貓很難平安長大。

藉由哺乳進入體內的抗體
會攻擊幼貓的紅血球。

年齡的祕密

換算成人類年齡……

貓在出生後一年左右就幾乎已經性成熟了。此時大約可視為人類的十八歲。

第一年就算成年，其後以一年四歲左右加上

將動物年齡換算為人類年齡時，會從身體成長、衰退及行動變化等方面進行考量。性成熟階段即被認定為成人（成獸），大約人類的16歲至20歲左右。而出生後一年就達到這樣年齡的貓，在此階段的成長速度遠超越人類。

出生後第二年開始，貓與人類間成長速度的差異便大幅縮小，可以用**貓的一年相當於人的四年來計算**。因此貓的**一歲至七歲相當於人類的20歲初至40歲初**，是體力充沛，容易健康度過的時期。

過了七歲之後就要注意老年疾病

青年時期至中年時間的貓生病幾乎都是因為外在因素所引起，像是病毒、寄生蟲或細菌所引起的感染、誤食異物、營養不均衡或打架所造成。

在相當人類40多歲的7歲之後，特別是超過相當人類50歲的10歲以上老貓，會陸續出現惡性腫瘤（癌）、慢性腎臟病等**老年疾病**。實際上，**家貓死因的第一名為惡性腫瘤，第二名則為泌尿系統疾病**，這兩個因素占全部**50%以上**。不論哪個都是初期在外觀上不易被發現的疾病，為了早期發現，必須定期作健康檢查。以人類與貓的成長速度差異來看，就算一年作一次檢查也相當人類四年一次檢查，每半年檢查一次也大約人類兩年一次的間隔。

貓的腎臟病很少有急性的，只要適當照顧，發病後也能夠存活較久。

換算成人類年齡的方式

一般而言第一年就算成年，第二年後以每年4歲來計算。

年齡換算公式

例：貓的年齡為六歲時

18 ＋ [(6 － 1) × 4] ＝ 38 歲

18＋[(□－1)×4] ＝○歲

- 18：將貓出生後一年的成長換算為人類年齡。
- □：貓現在的年齡。
- ×4：第二年後以一年四歲加上。
- ○：換算成人類年齡。

年齡與疾病間的關係

七歲之前的貓只要處在良好環境，幾乎不會生病。

1歲至七歲

老年疾病

外在因素
- 病毒
- 寄生蟲
- 病菌
- 營養不均衡
- 誤食或打架

七歲以後

老年疾病
- 惡性腫瘤（癌症）
- 泌尿系統疾病

專欄 2

毛色種類與個性有關嗎？

多位研究者指出，同類型毛的種類及相同系統毛色的貓在某種程度上有相近之處。特別是擁有特定血統的品種，此種類的貓共通性格非常明顯。

首先，大致區分為長毛種與短毛種。整體來說，長毛種與短毛種相比，較為沉穩悠哉。且在長毛種中，像是波斯這種血統擁有久遠歷史的品種幾乎都傾向於沉穩乖巧。而短毛種與長毛種相較之下，較為活潑，親人的種類也很多，容易飼養。但短毛種也有血統歷史悠久的暹邏貓及俄羅斯藍貓這類較敏感纖細的品種。

根據毛色及眼睛顏色也可觀察到遺傳的性格特徵。基本上，毛色為咖啡色系（顏色較深）較銀色系（顏色較淡）來得大氣且可靠。然而毛色較白或藍眼睛的貓則大多比較乖巧、纖細且有些神經質。有此一說是由於可從毛色及眼睛顏色得知和野生貓科的差異有多大，與野生貓科顏色相近的一方較為穩定、膽子較大，生命力強韌，與其安定自立的個性也有關係。

第3章

貓對人類的心理

給人反覆無常且獨來獨往的貓，
卻有著想與人類構築社會關係的期望及對飼主的情感。
在本章中我們將一起來瞭解
貓對人類所表現的態度背後隱藏的含意。

感情表現 之1

以尾巴回應還是以耳朵回應？

即使叫名字也一副毫不知情的表情，才這樣想就發出撒嬌的聲音靠了上來。名字對貓而言，是需要附加條件才能夠記住的詞彙之一。

對應當下狀況作出反應

呼喚貓名字時的反應依據當下狀況而有所不同。有時會發出**撒嬌聲靠近**，有時只有耳朵轉向這邊，有時只有**象徵性地搖搖尾巴**。例如：肚子餓時，「那來要點東西吃吧！」就會立刻靠近，無聊想要找人玩時或想要有人摸時也會有相同狀況。

若睡得很舒服時、眼前有更吸引牠注意的事物時，相較之下另一邊比較重要，這時「你在說什麼？」這般把耳朵朝向你這裡，「聽到囉！」這般以尾巴示意，並非是回應你，而是單純對聲音有反應。

對名字的反應與附加條件

只要一直重複將呼喚貓的名字與吃飯、撫摸和玩樂等開心的事情連結在一起，貓自然就會記住名字了。因此為了讓貓早一點記住名字，可以一邊呼喊名字，一邊餵食。例如：若呼喊貓的名字有得到**「喵～」的回應，務必在此時給貓喜歡的食物作為獎勵**。如此讓貓將名字與吃飯這樣的狀況作連結，下次呼喊牠的名字，就會為了得到食物而靠過來。

在學習行為中加入**條件**，重複執行，就會讓貓變得願意回應。

根據「愛貓名字普查」（對象約八千隻），最受歡迎的名字，母貓為「MOMO」、公貓則是「LEO」。（由2009年日本anicom損害保險株式會社所調查）

貓回應的變化

依據當時狀況而有不同的回應方式。

肚子餓時或想要玩時

睡覺時或有其他引起興趣的事情時

耳朵轉向。

搖搖尾巴。

加入條件讓貓記住名字

以食物等誘因讓貓早點記住名字。

呼喚名字時，
貓會以「喵」回應。

此時一定要給予喜歡的
東西作為獎賞。

感情表現 之2

以叫聲引起人類注意

當貓喵喵叫時主要是想引起人類注意。

與幼貓時期相似的叫法

就像小朋友會以貓的叫聲「喵喵」來稱呼貓一樣，通常人們認為貓會叫是理所當然的。實際上當肚子餓或有什麼要求時，貓才會對著可能會幫忙達到願望的人類要求似的發出喵喵叫聲。

然而在貓之間，會這樣以**叫聲傳達意志的幾乎只有幼貓**。成貓對人類所發出的聲音，就像是幼貓在寒冷或孤單時向母貓訴苦時所發出的叫聲，因此貓對人的叫聲大多被解釋為即使是成貓仍**以小貓的心態撒嬌**。

發出叫聲是特殊的溝通方式

實際上「**引起人類注意最好的方式就是發出叫聲**」**是貓經由學習所得到的結果**。但對人類的叫聲也會依據不同隻貓，或同一隻貓在不同狀況下有不同變化。其頻率、高低或長度也有所不同。例如：貓學會「想要吃東西」跟「想要去外面」使用不同叫聲會比較方便。

成貓間在溝通時使用的叫聲，例如：要相互傳達發情期的叫聲、打架時大叫或咆嘯和用具攻擊性的「嘶」恐嚇對手等防衛性的叫聲，或當感到疼痛時發出尖細的叫聲等。由於是針對情況以叫聲相互傳達意志，因此**幾乎看不到面對人類時那樣的聲音變化**。

也被稱之為「沒有聲音的貓叫」，指的是當貓像是鳴叫般的張開嘴巴時，正以人類無法聽見的高音發出叫聲，也是一種說法。

以叫聲引起人類注意

以叫聲引起人類注意是經由學習而來的結果。

貓對人類所發出的叫聲類似幼貓尋求母貓庇護時的叫聲。

貓同類之間不太使用叫聲溝通

貓同類間只會在發情期和打架時使用叫聲。

發情期

能夠傳達正在發情的狀態，充滿性欲的巨大叫聲。

打架

充滿攻擊性的咆嘯聲及「嘶」這種威嚇聲等。

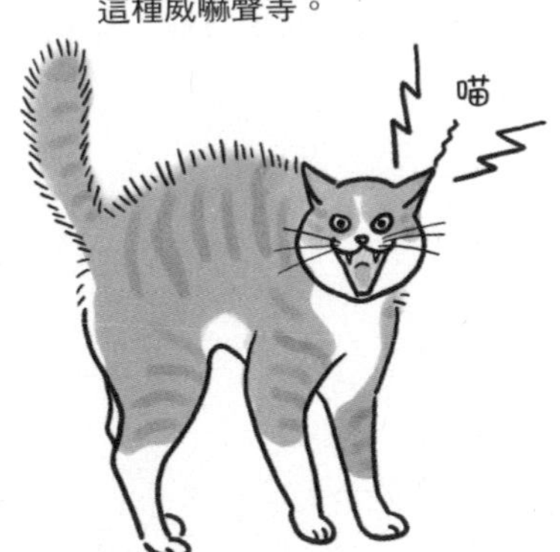

感情表現 之3

以摩擦表達親近

靠近腳邊的貓以身體到處磨蹭是喜歡及親暱的表現。

讓對方沾上自己的味道

常能見到要好的貓之間會出現互相摩擦身體的行為。這不僅是使用觸覺進行交流，同時也是**互相交換氣味**的嗅覺溝通，對人類摩擦的行為一樣是表現友好關係。

貓的身體在嘴巴四周、下顎、額頭、耳朵外側、指間、尾巴根部等部位分布著能**散發氣味的腺體**。貓使用這些腺體以磨蹭的方式讓親密好友沾上自己的味道，同時接受對方的氣味。此外在肛門處則有被稱之為**臭腺**，會發出特殊氣味的腺體。

對較強勢的對象磨蹭

據了解，貓同類間在體型、力量或地位等較低下的貓，會對較優勢的貓有磨蹭的傾向。經觀察常見到母貓對公貓、幼貓對成貓出現磨蹭現象，反過來的情況則幾乎不常見。這樣說來，說不定貓認為磨蹭對象的人類**比自己的地位稍微高一些**喔！

另一方面，貓有聞到**自己的味道**才會**安心**的習慣，因此會在自己常活動的地方摩擦上自己的味道，也會磨蹭身邊周遭的各種物品。貓會磨蹭主人則是想要讓身旁的人類有自己的味道，才能夠感到安心。

貓同類間的氣味交換常用到的是位於額頭（眼睛與耳朵之間毛較稀疏的部分）與尾巴的腺體。

身體各處皆有發出氣味的腺體

貓為了讓對方染到自己的味道，
會以發出氣味的腺體磨蹭。

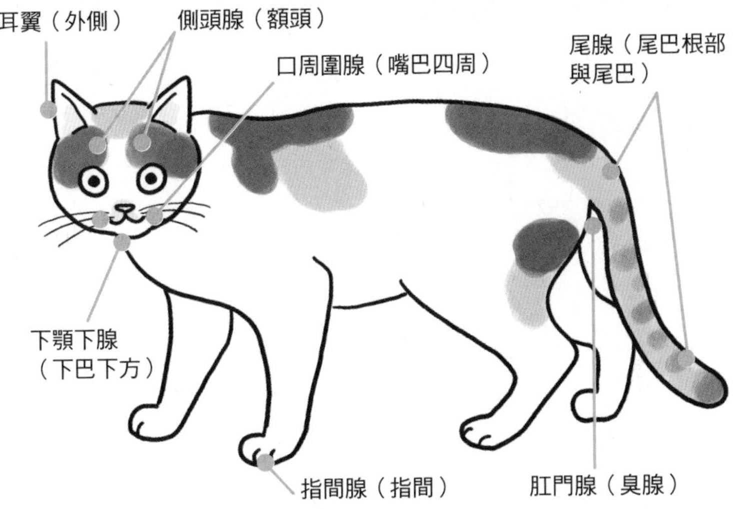

人類比自己稍微優越？

或許貓認同提供食物的人類是較自己優越的存在。

貓同類間，較優越的貓
常接受磨蹭。

感情表現 之4

有時會發揮母愛本能？

像母貓在教導幼貓打獵一樣，常有貓將捕獲的獵物帶給人類。

並不一定是模仿母貓

母貓會將獵物帶回巢中，讓幼貓食用或殺死以教導幼貓狩獵技巧。而貓將在外所捕獲的獵物特地帶給人類看的動作，不就是把人類當作幼貓，**模仿母貓**的行為嗎？

就算是並未接受過母貓狩獵教育的貓，也會出現帶戰利品回家的行為。若母貓能夠想成是因為母性本能所導致，但沒有參與撫養幼貓的公貓也發生這種行為時，就**不單純是母性本能**所導致了。

帶回巢穴是選項之一

捕獲獵物的貓並非每次都立刻殺來吃，因為對貓來說**打獵並非等於肚子餓**。當然肚子餓時發生狩獵的比例較高，但就算肚子不餓也有狩獵的情況。此時，捕捉到的獵物不一定會殺死，而是將活著的獵物帶回巢中，有時會在巢裡吃掉，有時則不會吃掉直接放走，有時甚至會讓獵物活著，只是為了當作玩具般玩弄。

所以貓會帶回獵物，我們只知道是許多狀況中的其中之一。可能是想要**待會兒再享用**，也可能是想要**邊玩邊帶回家**。再者，思考這其中與人類的關聯性，也有可能是將獵物帶回時恰巧被人類看見，進而引起騷動，讓貓覺得非常有趣，因此之後就**特地拿到人類眼前**也說不定喔！

在貓被馴養之後，人類會將捕捉到的獵物交由貓啣回家，有些人認為或許與這件事有關。

將獵物給人類看

將死掉或受傷的獵物帶回，並讓人類看。

把獵物帶回是母貓對幼貓會出現的行為，但因為公貓也有類似的行為，因此很難讓人聯想到是因為母愛。

「帶回獵物」有各種理由

在狩獵之後，捕獲的獵物並不一定會立刻殺來吃。

想要之後再吃。

一邊玩，一邊帶回來。

因為覺得人類的反應很有趣而一直帶回來。

感情表現 之5

在報紙上打滾以吸引注意

貓會想要引起共同生活的人類注意，想要一起玩。

因為是貓，所以想要一起玩

與團體狩獵的狗不同，貓是**單獨狩獵的動物**，因此即使只有一隻也能夠輕易生存下來。即使如此，貓並非一直都喜歡獨來獨往。

現在將針對貓與人類的關係，於下面說明：「單獨生活的成貓並非具社會性的動物，幼貓則有依賴母親及與同伴玩耍的社會性存在。因此由人類飼養的現代貓，會跟幼貓一樣依靠人類並讓人類寵愛著。」

貓的祖先野生貓科確實是單獨生活的動物，但與人類一起生活的現代貓與同類間卻形成一種友好團體，由於這種生活模式，貓被認定是**擁有社會性的動物**。因此貓和狗、人類相同，想要被注意，想要一起玩，對對方有**社會性需求**，因此可視為這樣的行為表現。

特地為了引起注意的行為

有時正在閱讀報章雜誌時，貓會特地過來在上面打滾，妨礙閱讀，或在電腦鍵盤上走路等，特地作出吸引注意的舉動。這是貓希望能夠**引起注意**而特意作出的行為。此時要是人類有所反應，學習到這招可以**有效吸引人類注意**的貓，很可能會重複同樣的行為。

貓會特意接近討厭貓的人，也許是因為覺得此人受到驚嚇而尖叫的反應很有趣。

並非一直喜歡獨處

貓與人類一樣，有尋求同伴的社會性。

野生山貓是單獨打獵的動物。

所以

就算獨自一隻也可以生存下去。

但是

貓同伴間會形成一種友好集團。

想要受到關注，作出引人注意的舉動

為了吸引人類注意，有時會作出令人有點困擾的行為。

感情表現 之6

把情緒寫在臉上

轉動收縮自如的瞳孔、自由活動的耳朵。貓的表情傳達著各種情緒。

以耳朵與眼睛的變化作出表情

會把歡喜、驚嚇或悲傷等情緒顯現於表情上的並非只有人類，貓也會以**表情**傳達各種情感。

貓在沒有特別受到外界刺激的時候，瞳孔只會因調節光量而產生變化，耳朵則會立起以確認四周情況。

但當貓感受到不安與恐懼時，表情就會產生變化。首先瞳孔會放大，耳朵往側邊倒下。而當感受到更加強烈的不安與恐懼時，興奮程度到達極點，瞳孔就會張開成正圓形，耳朵倒向後側，呈現幾乎貼平的狀態。那是因為**耳朵倒下能讓自己看起來比較小一點，是讓對方知道自己沒有敵意的防禦狀態**。

若當貓呈現攻擊狀態時，瞳孔會變得細長，耳朵則直立面向後側。**將耳朵轉向後側是準備要開始打架，為了保護耳朵的動作。瞳孔變得細長則是為了鎖定攻擊目標**。

眨眼也有含意？

貓閉眼代表解除基本的警戒狀態。當被撫摸感到舒服時，會不自覺的閉上眼睛。**閉眼睛、眨眼是表示友善的行為**。在貓的社會裡，一直盯著看含有威嚇對手的意味，若在這中間眨眼則能夠傳達沒有敵意。

當貓因放鬆而感到想睡時，為了保護眼睛讓灰塵等異物進入眼睛，有時也可以看到貓的眼睛出現稱為第三眼瞼的瞬膜。

表情的變化

當感到強烈恐懼或不安時，瞳孔全開，耳朵倒下。

平常時

耳朵向前站立，瞳孔配合光量調整大小。

當感到不安與恐懼時

耳朵向側邊倒下，瞳孔張開。

攻擊時

耳朵向後站立，瞳孔變細。

緊張（恐怖）到達極限時

瞳孔張開成圓形，耳朵向後倒下。

感情表現 之7

姿勢與貓的心情有關

貓不僅使用表情，還會使用姿勢或尾巴等身體各部位來表現心情。

看起來很大或很小

因為不安、恐懼而感到害怕的貓，會把肚子貼近地面，盡可能蹲低身體，並垂下耳朵，夾起尾巴，盡可能讓自己看起來較小。這是不打算抵抗對手的狀況，就打架行為而言，這是投降狀態。

因為恐懼而想告誡對方「別過來！」的情況時，會豎起毛想要威嚇對方。就算放低姿勢，也會豎起全身的毛，讓體積盡可能看起來大一些，一邊發出「嘶」的叫聲，一邊遠離對方。

當進入恐懼與威嚇的狀態時，另一個大家都知道的就是被稱為「**螃蟹走路**」的動作。此時的貓會**伸直腳，拱起背部，豎起全身的毛**。並兇狠的舉起尾巴，以側面示人，盡可能的讓自己看起來很大。前腳則會盡量拉長並貼近身體，耳朵呈現垂下的狀態。由於以這樣的姿勢一邊威嚇對手，一邊找可以逃跑的地方，因此會像螃蟹走路般斜著走路。這時的貓相當興奮，進入**非常慌亂的狀態**。就算只是不經意的伸手，也會被咬或被攻擊。

若有自信就會以平常心看待

當貓在對手間的力量關係中有相當的自信時，就不會特意勉強自己**看起來很大**。攻擊時也不會豎起毛，與對手直接面對面。此時會一邊搖動尾巴，表現出有些興奮與不安的模樣。

豎起毛威嚇的姿勢也常見於幼貓間的遊戲，在出生後第五週左右就已經學會這個姿勢了。

表現情緒的姿勢變化

以姿勢表現不安、恐懼與攻擊性（抵抗對手）。

安心感

耳朵豎起。

尾巴呈現自然下垂的狀態。

伸直四肢、挺起腰部。

下半身用力，尾巴下垂。

此時的貓正處在慌亂的狀態。有時會出現螃蟹走路的情況（斜著奔跑）。

攻擊性（抵抗對手）很強，讓身體看起來很大藉以威嚇對手。

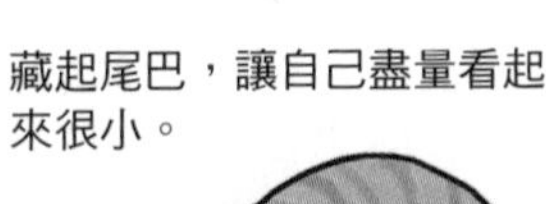

藏起尾巴，讓自己盡量看起來很小。

由於害怕，肚子貼低，放低身體。

恐懼

攻擊性

感情表現 之8

只要去醫院就會陷入恐慌？

原本貓就討厭不熟悉的場所，再加上會被不認識的人抱住、撫摸，因此對醫院非常恐懼。

害怕的表現

為了要**去醫院**就必須被關進籠子，放到車上，光是這點就讓不習慣坐車的貓感到很不舒服。因為想要從籠子裡出來，一直發出叫聲，並蜷曲在籠子裡發抖。到了醫院，大量陌生的聲音與氣味讓貓再度受到驚嚇，一直不停的叫，但有時聽到聲響馬上就會停止。

此外，貓被放在診療檯上會有各種反應。「表示討厭的**大聲一直鳴叫**」、「害怕到連聲音也發不出來，只能**縮小身體，僵硬不動**」、「豎起全身的毛**想要威嚇**」、「從檯上跳下來，到處**逃跑**想要尋找可以**躲藏之處**」等。這些反應全都是貓在感到害怕、緊張而陷入慌亂的表現。

最好從幼貓時期就開始習慣

對貓而言，減輕不安的方式就是讓醫院成為非完全陌生的環境。最理想的情況是在可以接受各種事物的幼貓時期，利用接種疫苗的機會帶到醫院，事先讓牠**習慣坐車及醫院的環境**。

至於成貓的情況，除非你每天帶牠上醫院，並在那邊餵牠吃喜歡的東西，不然並沒有其他有效的方式。在對症療法中也是盡量讓貓冷靜之後，餵食零嘴，並趁牠在吃零嘴的時候進行診療，以沾有貓自己氣味的毯子或毛巾等可以讓牠感到安心物品包圍牠，也只能作到這樣的程度。

要讓激烈抵抗的貓接受診療時，不要追著牠或兇牠，只需將牠裝入洗衣袋，從家中帶往醫院即可。

在醫院中表達害怕的方式

每隻貓表現害怕的方式不同，
若陷入慌亂狀態就很難讓牠冷靜下來。

有如抗議般不斷大聲鳴叫。

縮成小小的僵硬不動。

激烈威嚇。

有時為了進行診療，當遇到四處逃跑或大鬧等情況時，甚至需要麻醉。

感情表現 之9

豎起尾巴靠近

貓在接近人類或其他貓時，立起尾巴代表對對方感到親切。

立起尾巴是友好的象徵

立起尾巴，以小跑步靠近，並使用身體摩擦……這些是當飼主回家時常見到的行為，也是貓表達親密的打招呼方式。

對貓而言，**豎起尾巴**的姿勢，是表達**友好的證明**。經研究指出，只要看到貓豎起尾巴的剪影，牠們就會為了回應也舉起自己的尾巴接近。若看到貓放下尾巴的剪影，則可以看到貓表現出不安的模樣，左右搖動尾巴，害怕得把尾巴夾在後腿間的動作。

從現今的研究看來，可以將貓舉起尾巴想成是表示善意，且積極的表現出想與對方交流的意思。

一開始舉起尾巴的對象是母親

舉起尾巴的姿勢也常見於**幼貓與母貓間**。由於剛出生的幼貓尚無自行排泄的能力，以舉起尾巴的姿勢讓母貓舔舐肛門。此外當幼貓開始可以與母貓一起步行後，母貓為了讓幼貓不要迷路，會將自己的尾巴舉起當作標示，而小貓也會舉起尾巴跟著母親。

也有人說當成貓向對方表示友善時會舉起尾巴靠近，並非上述行為的延續，但事實上到底有無關連至今尚未有明確的答案。

就算是尾巴短到幾乎看不見的貓。只要觀察牠的尾椎邊緣，就可以得知牠是否想要舉起尾巴了。

表示友善的接近

貓舉起尾巴對飼主表示親暱。

幼貓對母貓舉起尾巴

幼貓在排泄或跟著母貓時，會將尾巴舉起。

讓母貓舔舐肛門，藉以排泄。

幼貓會舉起尾巴接近豎著尾巴的母貓。

感情表現 之10

喜歡摸摸？討厭摸摸？

有喜歡被人類的手撫摸的貓，也有討厭被摸的貓，這和撫摸的部位有關喔！

同伴間親暱互舔，僅限頭部

母貓會舔幼貓，幼貓同伴之間也會相互舔舐，就算是成貓，也常見親密的同伴間互舔對方、互相理毛。只是，除母貓對幼貓間的關係之外，**其他同伴間的互相理毛**幾乎僅限於**頭部以上**，這是因為頭部是自己難以打理的部份

被撫摸的貓舔人類手指的舉動，與同伴間相互理毛的動作是很相似的。在貓的認知裡，被人類撫摸與被舔舐是類似的交流行為。討厭被摸身體的貓，有許多都**不介意被摸頭**，這點可以用同伴間相互舔舐的道理來解釋。

頭以外的部位需視貓的情況而定

喜歡被撫摸的貓，願意被撫摸頭部之外的部位，是因為學習到被撫摸的快感。互相磨擦身體，可以想成是成貓同伴間的另一個交流行為，但貓的互相觸碰並不是長時間，一直不斷撫摸貓，會被討厭。

當被撫摸而感到放鬆的貓，突然**快速左右搖動尾巴**就表示**已經不要了**，**變換姿勢或倒下露出肚子**的情況也是相同的，絕非想要讓人繼續撫摸肚子的意思。若繼續撫摸就會被抵抗，或一溜煙地逃走。

經調查指出，在貓同伴間攻擊性強的貓常為較弱的貓理毛，這也可視為是支配性的舉動。

不太在意被摸頭

貓同伴間會互相舔舐頭部，
因此不排斥被摸頭的貓很多。

頭被摸，
有時會回舔。

同伴之間理毛的舉動，
幾乎都是在頭部以上。

討厭長時間被撫摸？

貓同類間互相觸碰的時間很短，因此除了頭部之外的部位
長時間持續觸摸會被討厭喔！

互相摩擦身體是同伴們間的
交流。

短時間相互觸碰是基本動作。

被撫摸會以身體摩擦
來回應。

倒下來露出肚子則表示已
經不想要再被摸。

情緒還是小貓？ 之1

從幼貓階段就會發出呼嚕聲

幾乎所有幼貓從出生的那一刻，最遲在出生後兩日之內，就會從喉嚨發出呼嚕呼嚕的叫聲。

最初是在喝奶時發出呼嚕聲

貓到底是怎樣發出**呼嚕聲**的呢？這個疑問在最近有了答案。根據針極肌電圖檢查，這個呼嚕聲是以神經作用**震動顎咽肌，使聲門在極短的時間開關**所造成。

這個聲音也是幼貓最早能夠表達的信號之一。一邊吸吮母親的乳房，幼貓一邊從喉嚨發出呼嚕聲。而母貓也會從喉嚨裡發出呼嚕聲來回應，這樣的對話可以解釋為互相表示**狀態良好**的溝通方式。也就是說，幼貓將「我正健康的喝著奶喔！」這樣滿足喝奶的情況傳達給母貓，母貓收到訊息後把安心與滿足傳達給幼貓。

想要被關心的訊號

如同母貓與幼貓間的情況，通常發出呼嚕聲可以想成是在表達滿足的意思，然而當貓在生病或感到激烈疼痛時也會發出這樣的聲音。

最近這種狀況時被解釋為，表達**希望被照顧和保護的信號**。幼貓以呼嚕聲來強化母貓「想要守護」的情緒。

所以貓對人類發出呼嚕聲時，不只是表達滿足，有時是**希望被注意，想要被關心的暗號**。

呼嚕聲的範圍在20赫茲至50赫茲。這樣的震動頻率能提高動物骨頭密度，因此有說法認為貓以呼嚕聲強健骨骼。

母子間以呼嚕聲交流

哺乳時，母貓和小貓都會發出呼嚕聲。

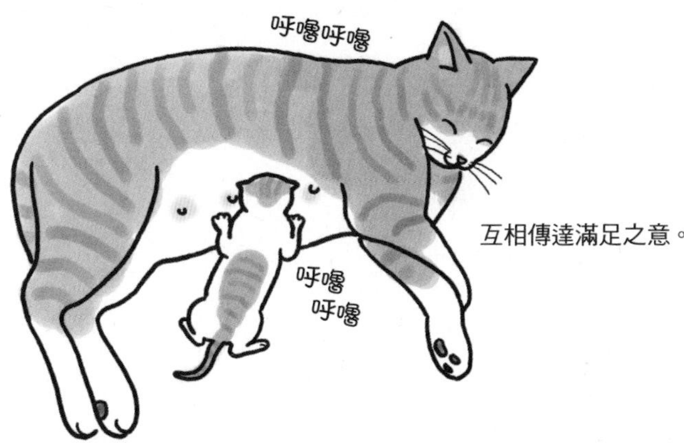

互相傳達滿足之意。

想要被關心的信號

呼嚕聲也被解讀成表達想要與對方接觸和被保護的信號。

面向人類，表達「看這邊，注意我」的意思。

也會以呼嚕聲表示滿足。

情緒還是小貓？ 之2

以前腳按摩是代表什麼？

以前腳交互在人類的胸部等部位按摩的行為，是幼貓在喝奶時會作出的舉動。

重現喝奶時的動作

幼貓會在喝奶的同時以前腳交互按壓母貓的乳腺。這種按摩的行為主要可見於當小貓在有節奏的喝奶，而泌乳的速度趕不上喝奶的速度時。**以前腳按摩刺激乳腺**，可讓乳汁分泌更加順暢。

這種按摩行為也會見於成貓，貓會對棉被、座墊等溫暖又柔軟的物體或人類的手腕以前腳按摩，有時前腳還會以拳頭和手掌交互按摩。此外也會一邊吸吮布條邊緣，一邊從喉嚨發出呼嚕聲，**重現哺乳時的場景**。

由於放鬆而返回幼貓時期

幼貓的斷奶期大約是出生後兩個月至兩個半月左右，假使在這段期間之前就與母親分開，幼貓會出現吸吮自己的身體、人類的皮膚或布條邊緣的習慣。情況若嚴重，有時會因為重複吸吮而傷害自己的皮膚。這種習慣，通常大約兩年左右就會漸漸消失，若一直發生吸吮、撕咬布條，甚至吞下去的狀況，則有可能會演變成一種**行為障礙**。

當成貓出現哺乳時的動作是在**放鬆的狀態**，且處於和緩的情緒之中，也許代表牠又回到了被母貓圍繞，感到安心的幼貓時期。

當幼貓把臉埋入母貓的毛中就會感到安心，以手掌覆蓋臉部會變得冷靜的貓就是延續這樣的行為。

按摩、吸吮是哺乳動作

當貓作出哺乳時特有的動作時，代表著進入放鬆狀態。

一邊噘起嘴巴作出吸吮的動作，一邊從喉嚨發出呼嚕聲。

以前腳交互按壓。

有時兩腳會一邊交互變換拳頭和手掌一邊按摩……

想要被關心的信號

太早斷奶，有可能會因此產生壓力導致怪癖或生病。

吸吮過頭以致於傷害自己身體。

撕咬布條，不小心吃下去。

老貓的心情

臨終前不被人看見的理由是？

與其說是特意在死亡時躲藏起來，不如說是因為身體狀況太差而回不來，這種可能性比較高。

若身體狀況較差時，會到人類難以看見之處

就算是人類，當身體狀況較差時，也會不太想待在人多吵雜之處，貓也是一樣。特別是在如同被包覆的狹窄空間內，貓會覺得很有安全感，所以**虛弱的貓躲進陰暗或狹窄的地方可能性很高**。進入了這樣的場所，虛弱的貓當然就很難被人類發現。若是就這樣在那裡用盡力氣，無法回家，以結果而言就變成**不想被看見死亡的樣子**。可以確定的是，並非像傳聞一般「不想讓人看到虛弱的樣子」這種情緒性的理由而導致。

貓沒有回來也有可能是因為發生交通事故。就算健康的貓也有可能會遇到**車禍**，若是身體情況差，無法敏捷行動的病貓就更危險了，這種情況則並非貓刻意不讓人看到死亡的樣子。

最後的呼嚕聲代表？

在完全飼養於室內的情況下，人類可以守護貓到死去。只認識家中環境的貓不可能在臨死前突然往外逃跑，為一直生活的地方才能夠讓牠感到安心。

臨死前，貓會發出**呼嚕呼嚕的聲音**。雖然有人說這是貓在訴說痛苦，希望被保護的方式，但或許也是貓在最後以包含著「謝謝」的心意，告訴看護牠的人沒有遺憾的心情。

一般而言貓給人喜歡孤單且自尊心很高的印象，有可能因為如此才被說是臨死前不想讓人看見。

狀況不好時會躲到安靜又安全之處

陰暗狹窄處讓貓放心。

鑽到人類看不見的地方，
在此處直接……也是有可能會發生這種事。

完全飼養在室內的狀況下可見到牠最後一面

身為照顧者，會抱著見最後一面的覺悟。

最後的呼嚕聲或許是貓在說「謝謝」……

只有我家的貓咪會這樣？之 1

突然變得冷淡是因為喜怒無常？

貓不會毫無理由的突然逃跑或害怕，一定是有什麼人類沒有發現的原因。

痛苦或不安所造成的結果

有些時候，或許在我們看來沒什麼大不了的事情，對貓而言卻會造成疼痛或痛苦。「不小心踩到尾巴」、「想要摸牠卻不小心碰到傷口」、「想要拿東西而伸手卻不小心打到正在奔跑的貓」、「明明牠不想要，卻勉強抱牠」。若發生了這些事情，對人類來說可能是很瑣碎的小事，但在之後貓可能會逃離這個人了。

此外，可能有什麼因素**激發起不愉快的回憶**。例如：會和最討厭的吸塵器聯想在一起的開櫃子聲，吃藥前會發出的開抽屜聲或藥罐聲……就算平日會自動靠近飼主的貓，聽到這些聲音或類似的聲音，都會開始戒備並遠離。其他有像是因為發生車禍，**在痛苦尚未痊癒前就被領養的貓，會把痛苦與當時遇到的飼主這段記憶作連結**，導致一直無法親近的例子。

有時是因為些許不同而造成的

當外表或味道稍微有點變化時，對貓而言會產生困惑和不安。說到外表的變化，例如：當貓尚未習慣帶帽子的人類姿態，就算是飼主，也會因為不習慣的模樣而感到害怕。味道的變化也一樣，若突然改變化妝品或洗髮精的味道，在貓習慣前就需要花一點時間。貓會突然改變態度並非因為牠陰晴不定，就算是再小的事情都有可能變成原因。

就算是平時很要好的貓同伴間，也曾發生過一方去了醫院，沾染到醫院的味道而被另一方威嚇的案例。

因痛苦或不安

就算人類並無惡意，但貓對疼痛或痛苦都相當敏感。

改變會讓貓產生疑惑

會對不習慣的樣貌或味道感到困惑與害怕。

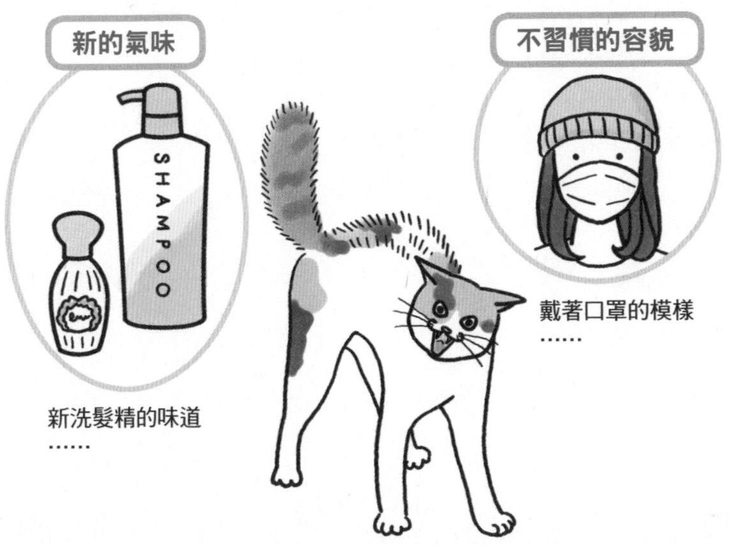

只有我家的貓咪會這樣？之2

為什麼抱起來就會發出嘖嘖聲？

當貓感到放鬆時唾液會增加分泌。若沒有其他症狀就不需要太過擔心。

也有貓在被撫摸時會流口水

當貓在**放鬆時**或**感到愉快時**，**口水分泌量會變多**，所以吃過飯後會舔嘴唇，發出啪擦啪擦的聲音。此外以前腳按摩等哺乳時的動作，或嘴巴嘛起好像在吸東西的動作，都是因為口水分泌的緣故。

當喜歡被抱或被撫摸的貓，在被抱或感覺舒服的部位被撫摸時，也會有嘴巴發出啪擦啪擦聲或流口水的情況。此時所流出的口水呈現**透明狀，且沒有特別的氣味**。

然而與放鬆狀態無關，頻繁的流口水，且混雜著血液並發出強烈的口臭，或有嘔吐、食欲不振等其他令人擔心的症狀時，請帶往醫院檢查。有可能是口內炎、感冒、中暑、消化系統疾病、貓愛滋等疾病所導致。

理毛是因為有什麼在意之處嗎？

當貓在被抱、被撫摸或被梳毛之後，會自己將人類的手、刷子或梳子碰過的部位仔細舔舐、理毛，好像有什麼**很在意**的地方。是因為被撫摸弄亂毛而感到不舒服嗎？還是討厭順好的毛被碰過呢？實際上我們並不清楚牠到底在意的是什麼，可能僅是想回復到覺得最舒服的狀態吧！

對木天蓼等刺激性植物起反應時也會流口水，這種情況並非放鬆狀態，而是感到興奮與沉醉。

嘴角不知不覺就鬆懈了

貓在放鬆時，唾液的量會增多。

當心情愉快時，嘴巴會動作並產生啪擦啪擦的聲音。

唾液呈現透明狀，且無特殊氣味。

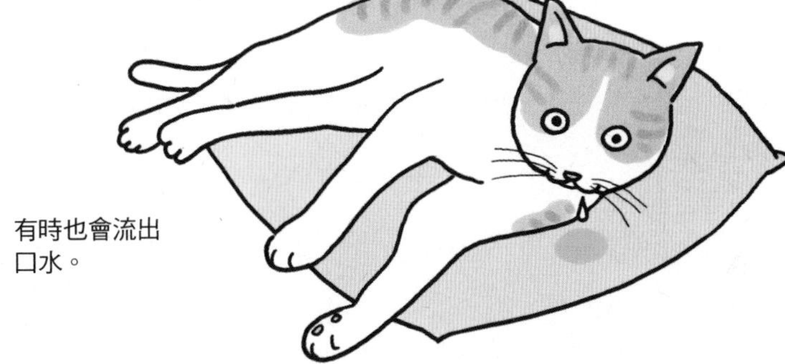

有時也會流出口水。

當唾液之中夾雜著血跡、或有強烈口臭時就必須要注意！有可能會是口內炎、感冒、中暑、貓愛滋（FIV）等疾病。

嘴巴會嘛起來，口水是原因之一。

只有我家的貓咪會這樣？之3

一邊發出怪聲，一邊纏著人不放？

若是尚未結紮的母貓，就有可能是開始發情。以發情期獨有的巨大音量，持續比平時更長的叫聲。

對人類也會作出求愛的舉動

貓會突然開始用跟以往不同的聲音叫喊，並異常的親近人類，以身體、頭和臉摩擦。若這隻貓是尚未結紮的母貓，那麼這就可解釋為是**求愛行為**的一種。

母貓在出生後6至1、2個月就會開始準備發情，接近發情期時，就會以彷彿呼喚雄性般的巨大聲量開始嚎叫，且會以好幾種特定的動作向雄性告知自己正在發情。然而若身旁沒有雄性，這種求愛的對象就會轉向人類。貓會比平時更常以身體，特別是頭部和頸部磨蹭，若特意表現出**在地板上滾動（rolling）的姿勢，或抬起腰部（lordosis）的姿勢**，則代表精力過剩，就算對象是人類也會出現求愛行為。

雖然每隻貓情況不盡相同，但若快要發情有時會出現**食慾下降，小便次數增加、也曾有排泄在貓砂盆外**的案例。

雄性噴尿的情況會增加

為了回應發情的雌性，雄性進入戀愛的季節和雌性相同，發出大聲嚎叫，且會想出去室外。此外會增加到處噴尿的頻率，有時也會**朝人類噴尿**。然而不知為何，噴尿的對象竟然並非女性而**幾乎都是男性**。說不定是因為人類男性的味道中有刺激貓的物質吧！

「發情」原本是用來指雌性的詞彙。但雄性也會對雌性產生反應作出性的舉動，為了便宜行事所以也用發情來稱呼。

大聲嚎叫，並以身體磨蹭

貓也會向人類表現求愛的動作。

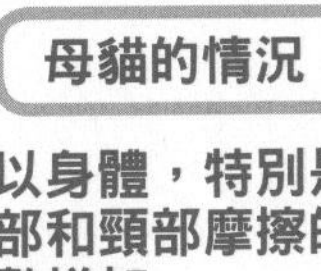

母貓的情況

以身體，特別是頭部和頸部摩擦的次數增加。

有時還會黏著客人。

作出在地上滾動（rolling）或抬起腰椎（lordosis）的姿勢。

公貓的情況

噴尿行為變得明顯，有時還會對人類噴尿。

只有我家的貓咪會這樣？ 之4

會模仿人類的動作？

貓是模仿能力很強的動物。特別是針對親密的對象，擁有加以觀察及學習的能力。

會模仿人類開門？

貓模仿人類的可能性非常高，常被用來舉例的是開門。若是手把式門鎖，或許是碰巧跳起來勾到便將門打開了。但當門把是喇叭鎖時，這種可能性就比較低。所以被認為是因為注意到從屋內出來的飼主開門的舉動，進而模仿觸碰門把。結論是，貓是很**擅長模仿**的動物。

模仿學習的能力很強

我們知道貓會對其他貓的行為感到興趣，並擁有從中學習的能力。幼貓會從母貓那裡學習到狩獵能力及該捕捉的獵物種類。**觀察母貓的行為，並模仿、學習**。

在壓下把手就可取出食物的學習實驗中，也得到相同結論。看到母貓行為的幼貓能夠立刻作出相同行為。相反地，沒有模仿對象的幼貓就算自己重複嘗試仍無法取出食物。而以不認識的雄性為模仿對象的幼貓，雖然模仿並成功，但比起以母親當作範本的情況還是花了較多的時間。這個實驗的結果顯示，**若學習對象較親密，會提昇學習效果**。因此若以親密的飼主為模仿對象，就能夠充分的學習。

很黏飼主的貓會模仿飼主的睡姿，以相同的姿勢睡覺。

觀察人類的動作並學習

貓或許是模仿人類才學會開門的喔！

STEP 1

注意飼主的行為與門開了這件事。

STEP 2

模仿飼主觸碰門把。

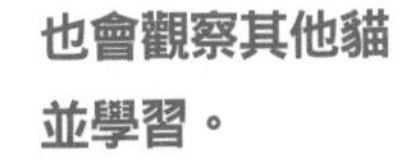

也會觀察其他貓並學習。

若看到其他貓的舉動，便可藉由模仿來完成條件。

只有我家的貓咪會這樣？ 之5

若瞧不起某人就會攻擊他？

輕咬可單純視為想要一起遊戲的表現，並無攻擊或輕視的意思。

以啃咬表達想一起玩的情緒

雖然貓給人喜歡獨處的印象，但貓也很喜歡跟同伴或人類玩耍。特別是對幼貓而言，遊戲在每天生活中占有重要位置。因此若是無法和要好的幼貓一起遊玩，人類陪伴玩耍就變得很重要。

貓之間常常玩類似打架的遊戲，**輕咬**是邀請對方來玩這樣的遊戲。也就是說，當貓咬飼主的手或腳時，就是代表「**來玩吧！**」的動作。

與要好的幼貓一同充分遊玩長大的貓，就懂得控制力道，若是遊戲經驗較少，就會不小心咬得太用力。此外，就算是在貓同伴間剛剛好的力道，對沒有毛保護的人類而言還是會感到疼痛，就有可能會認為是被攻擊或被輕視，對貓而言這卻是一種想要一起玩的**親暱舉動**。

有時是因為引起貓的玩心

例如：有些飼主在穿著輕盈布料製作、走路還會不斷晃動的裙子時就會被貓攻擊。這是因為搖晃的布引起了貓的玩心。原本貓**對會動的東西就很感興趣**，再加上被咬時飼主興奮的叫聲，逃跑時裙子的晃動變得更加激烈，就成為越來越有趣的遊戲。最簡單的解決方式就是，在貓的面前盡量穿褲子，避開引誘玩心的服裝。

也有案例是小孩子進入浴室全身赤裸時被貓啃咬。這是因為人類反應很大讓牠感到有趣，當貓學習到這點之後就會重複這種動作。

代表著「來玩嘛！」

輕咬是邀請一起玩的舉動。

跟幼貓間邀請玩一種類似打架的遊戲一樣，以輕咬的方式邀請人類一起玩。

有時也會因為玩心引起攻擊

被會動的東西引起玩心，而發生攻擊或啃咬的情況。

專欄

3

壓力會給貓咪帶來怎樣的影響？

就像人類會有壓力一般，對貓而言不安與痛苦也會成為壓力的來源，最容易帶來壓力的原因就是不舒適的居住環境。與人類的關係而言，當被過度關心時、要求完全被無視時、來了一群陌生人並且開始喧鬧等。又例如像是帶去醫院等，被迫離開自己熟悉的環境也同樣會產生壓力。

貓的身體會反應出這些壓力。而為了抵抗壓力，會分泌名為皮質類固醇的糖皮質荷爾蒙。這種荷爾蒙可以讓貓身體振奮，增進食欲，提振精神，健康的貓每天傍晚都會定時分泌。

當感受到壓力時，這種荷爾蒙會增加分泌，讓身體呈現緊張狀態。若壓力未獲得改善，不斷分泌導致皮質類固醇過量時，貓的身體免疫力就會下降。極端的說法是為了用來對抗病痛的力量被壓力消耗掉了。所引起的結果就是容易得到傳染病或癌症，有時還會造成腎臟病等慢性病的惡化。為了貓的情緒安定及健康，盡心打造一個舒適的環境吧！

第4章

掌握貓的內心世界

到底為貓作些什麼會感到快樂呢？
對牠作什麼會覺得不安與痛苦呢？
在本章中，
為了讓貓可以快樂度過每一天，
我們一起來瞭解可以作些什麼吧！

從幼貓時期開始與人類的交流

在幼貓時期就開始與人類接觸，這是讓人類與貓能共同長久幸福度過最關鍵的要素。

出生後二至七週期間是重要的關鍵

大家都知道動物寶寶某段時期會自然接受自己四周的環境。因研究「印痕行為（imprinting）」而成名的羅倫茲（Lorenz）博士，在實驗中，孵化後第一眼看到羅倫茲的鵝寶寶，就像跟在母鳥後頭走路般會跟在羅倫茲博士後面。

幼貓同樣有「**感受期**」，這是一段**可接受周圍事物，並產生情感的適應時期**。在這個時期中所接觸的對象及當時狀況，會對貓的性格和貓對人類的態度產生極大的影響。

幼貓對人類的感受期主要是在出生後二至七週之間。在這期間若與人類之間有許多愉快經驗，就很有可能會成為接受人類並喜歡人類的貓。若只有這段期間，之後記憶有可能會變的薄弱，因此直至出生後五至六個月左右，反覆與人類接觸是有必要的。

與遺傳或母親的營養狀態也有關連

在感受期中與人類建立關係的貓，不一定會有相同反應。有喜歡親近人類並積極靠近的貓，也有不會逃跑的貓。這是因為，雖然後天環境對性格有很大的影響，但**雙親的遺傳**也有關係。特別是貓，**受到父親的性格影響很深**。

在懷孕、哺育幼貓時期，若母親的營養狀態不好，導致營養不均，又或沒有與母親建立良好關係的情況，就會充滿恐懼及具備攻擊性，大多和其他的貓還有人類都無法和平相處。

男性、女性、小孩、戴眼鏡或留鬍子等擁有各種外表的人類，若讓貓事先習慣各種外型，就容易讓牠廣泛的接受人類。

受到幼貓時期經驗的影響

在容易接納人類的時期建立良好關係是很重要的。

對人類的主要感受時期

出生後二至七週

在這段期間與人類接觸是很重要的。

若在感受期沒有與人類接觸機會……

要花很長的時間適應。

性格也受到遺傳影響

就算以相同方式養育，也會因為受到遺傳的影響而有性格上的差異。

恐懼心、攻擊性很強。

會受到父親性格和懷孕&哺育期母親營養狀態等影響。

每天的溝通

每天互動可確認健康狀況

藉由一起玩、撫摸、梳毛……除了可以增進與貓之間的羈絆之外，還能夠檢查貓的健康狀態。

光是靠飲食還不夠，還需要每天互動

有實驗結果顯示與貓建立良好關係，**光靠每天餵食並不足夠**，**撫摸、一起遊玩**等每天的溝通是必須的。從幼貓開始每天親密接觸，就算成年後，貓也會主動來找你玩。

但成貓會根據以往的經驗，就算習慣與人接觸仍需要花點時間才能熟悉，因此在那隻貓可接受的範圍內深入互動很重要。像是雖然討厭被抱，卻喜歡坐在膝蓋上等，每隻貓的喜好都不太一樣。

遊玩、撫摸、理毛

每天與貓一起**遊玩，撫摸貓並以梳子或刷子梳毛**，若一直持續這三件事，不只和貓可以一直持續友好關係，也能夠**確認貓的健康狀態**。平時總是開心撲向玩具的貓，突然疲憊的把臉轉開時，可能就是身體有異常的狀況。此外若每天撫摸，就能夠早期發現乳腺或淋巴的硬塊。大量掉毛、小面積禿毛、受傷等，若常常梳毛就會知道。梳毛還可以促進貓的血液循環，並預防外部寄生蟲。

仔細觀察貓的行為很重要。例如：每天會在玄關迎接的貓就算只有一天沒來迎接，就應該要注意是否有異常。除此之外，也要每天觀察大小便的狀態。

若身體狀況不佳，貓就會想要到陰涼的場所。因此當貓蜷曲在平時不會去的位置或陰涼處也是需要注意的警訊。

每日的交流很重要

藉由互動增加貓對飼主間的羈絆，
更能夠確認健康狀況。

一起玩

能夠讓貓適度運動。

撫摸、觸碰

藉由每天觸摸可以早期發現乳腺或淋巴腺的硬塊。

也能及早注意身體是否異常。

梳毛

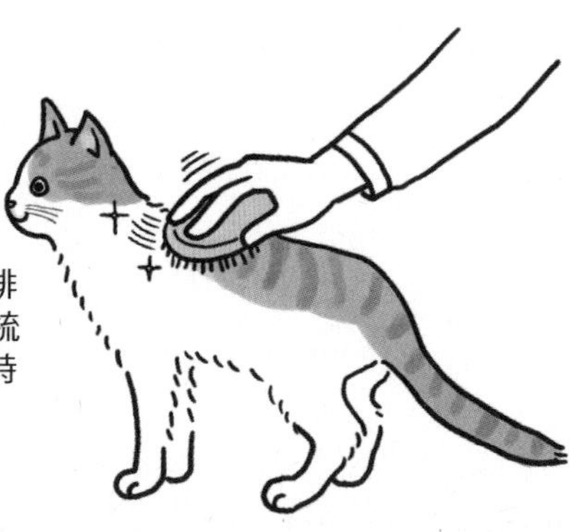

成年後，有些貓會很排斥突然用梳子或刷子梳毛，盡量讓牠從幼貓時就開始習慣。

以呼喚來刺激老貓

貓跟人一樣，上了年紀運動能力便會下降，比起年輕時聽力也會衰退，所以常常讓人覺得好像在發呆。

貓也會老年痴呆？

貓是否跟人類一樣會患有失智症我們並不清楚，但體力、感覺器官與學習能力會漸漸衰退。積極的活動和遊玩會變得越來越少，從外表能看得出肌力衰退。以前可以輕鬆爬上去的地方，變得爬不太上去，常常會呆坐著，睡眠時間變得很長。約略區分，過了相當於人類四十多歲的**七歲之後**就算是**貓界的銀髮族**了。

要作到呼喚及健康管理

對老貓來說遊戲、觸摸與梳毛這些互動雖然很重要，「常常呼喚名字，讓牠覺得自己很重要、被關心」更是必需的。藉由呼喚來刺激腦部，可以防止痴呆。

此外，**貓健康管理**的參考值在於**體重**與**進食量**，體重最少**每個月要量一次**。舉例來說，就算體重只是增減500g，對5kg的貓大約是體重的1/10，對2.5kg的貓則是1/5，相當於50kg人類5kg、10kg的變化。注意不要以對人類體重的概念來小看貓的體重變化。由於就算給予食物，多數的貓不會一次吃完，必須**掌握一整天的總餵食量**。知道每日大約需要餵食的基準，並不要極度增量或減量。如此從幼貓開始持續健康管理與每日互動照護，就算生病也能及早發現。

慢性腎臟病是許多老貓容易得到的疾病，多半是因為體重急遽下降才被發現患病。

以呼喚刺激腦部

對老貓要常常呼喚名字，並讓牠感受到關心，
以給予腦部刺激。

七歲之後便算是銀髮族

肌力衰退。

活動量大減，睡眠時間變長。

小玉？

常發呆，反應變得遲鈍。

健康管理也很重要

讓我們從幼貓開始就持續注意體重與進食量吧！

體重

測量體重的秤最基本要以100g為單位才能夠觀察體重變化。

吃飯

掌握一天的進食量。

遊戲方式

可以感受狩獵快感的遊戲方式

貓對會動的東西感興趣，並伸出前腳或撲上去。還很喜歡把臉或前腳伸進洞穴裡的遊戲。

追逐會動物體的遊戲

貓很喜歡追逐、捕捉會動物體這種能夠體驗狩獵快感的遊戲。因此在使用逗貓棒與貓玩耍時，逗貓棒**移動的方式很重要**。在鼻尖上搖動，悄悄接近，再像是要逃跑般迅速遠離……再加入**上下移動**，貓一定會非常開心的伸出前腳，撲上來捕捉，完全沈溺於其中。球狀或老鼠形狀的玩具也用這種移動的方式**一起玩**是取悅貓的重點。

但不要總是都使用相同的玩具、相同的動作方式，為了讓貓不會感到厭倦，要不時更換玩具並**變化動作**，花心思是必要的。當你外出時把貓留在家中時，事先將寶特瓶的蓋子垂吊在會被風吹得晃動的地方，這樣貓就算看家時也可以玩追逐會動物體的遊戲了。

可以利用手邊的東西或親手製作玩具

利用**手邊的物體**也可以跟貓一起玩喔。例如：可拿差不多大小的撣子代替逗貓棒，抖動撣子的布條與貓一起遊玩。此外若要**親手製作**玩具，很推薦作「**猜謎箱**」。找一個大小剛好的箱子，放入貓喜歡的食物，在箱子的蓋子上分別開幾個貓臉跟貓手可伸入大小的洞穴就完成了。被食物氣味所吸引過來的貓，彷彿像捕捉獵物一般，從洞穴窺伺、用前腳伸入，會很著迷這個遊戲吧！

雖然有自動式的昂貴玩具，但制式的動作會讓貓一下子就玩膩了。

遊戲的重點在於動作方式

喜歡追逐會動物體的遊戲方式。

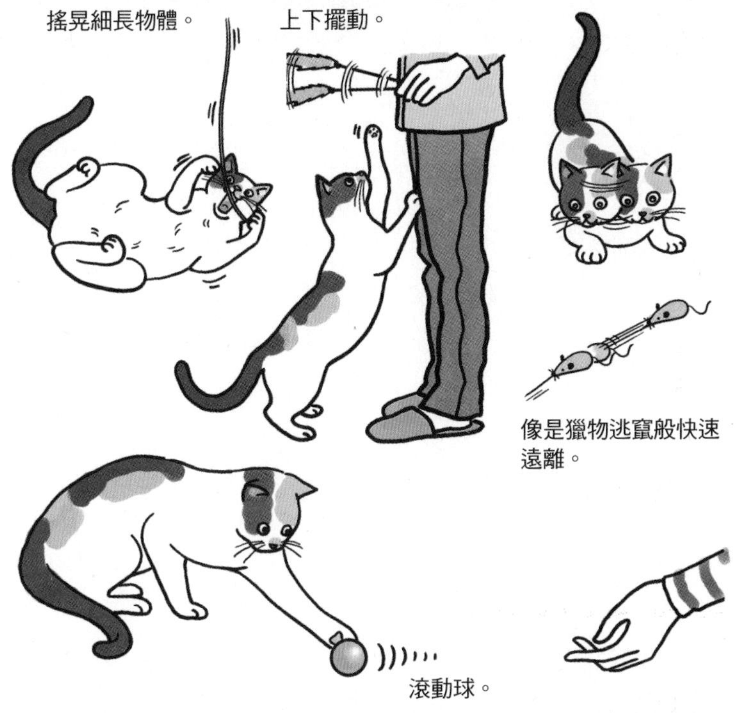

可以頭腦的手作玩具

經過反覆嘗試，終於拿到獎品了。

教養 之1

除了現行犯之外，被懲罰也不會知錯

若不是在動作的那瞬間，貓不會理解是因為自己的行為導致被懲罰。

不知道為何被罵

當想要阻止貓亂咬東西、在家具上磨爪子、噴尿等狀況時，大聲責罵或以打的「懲罰」方式並無法阻止牠。

對動物的教養方式，**給予疼痛**的方法被稱為「**正處罰**」，懲罰時一定要是貓正在動作的當下。也有人說要在動作後**0.5秒內**懲罰，若錯失時間點，貓就會不瞭解為何被懲罰。而且必須要徹底實行規則，若作了相同行為，每次都一定要給予相同程度的痛苦。然而相較於人類，貓對痛感較遲鈍，輕輕打，不會出現太大的效果。「喂！」、「不可以！」這類大聲責罵，在那一瞬間會因為被嚇到而停止，但僅限當下而已，正處罰對貓的管教幾乎是毫無效果可言。

負處罰較有效果

另一方面，**奪取喜愛的事物**稱之為「**負處罰**」。例如：當愛貓喜歡咬人時，由於貓沒有攻擊的打算，只是想要和飼主一起玩所以咬人，此時若無視於貓的要求就是給予負處罰。迅速抽回被咬的手，全身背對牠，讓牠明白無法跟牠玩。這樣多作幾次後，貓就會學到咬人，飼主就不跟牠玩了。此外磨爪子、噴尿等問題，與其懲罰牠倒不如以改善環境的方式來處理會更具效果。（→P.22、P.136）

讓貓感到疼痛藉以矯正行為，若沒有達到電擊強度的疼痛就不會產生效果，因此正處罰是不切實際的作法。

懲罰貓的時機非常難掌握

若非行動當下，被懲罰的貓並不瞭解其中的關連性。

與其打罵不如無視來得有效果

若想要矯正愛咬人的習慣，負處罰的方式比較有效果。

因為想要玩所以咬人

✕ 回應

以為在跟牠玩。

好痛！
不可以

○ 無視

教養 之2

明明被罵卻無所謂？

受到責罵時，貓移開視線是為了表示牠沒有敵意，而理毛則是為了排解不安。

內心充滿不安

飼主拚命的責罵，身為罪魁禍首的貓，眼神卻飄來飄去，還不斷理毛。或許有人覺得好像被貓當笨蛋而感到一肚子火。但貓絕非事不關己，輕鬆悠哉的，相反的牠內心充滿不安。

貓並不瞭解為何被瞪、被大聲責罵，為何會遇到這樣可怕的事情，總之就先**把眼神轉開表現出自己毫無敵意**。被對方一直盯著看，對貓而言是一種威嚇的動作。至於關於理毛，此時理毛與吃飯後表示輕鬆的理毛意義不同。這是為了**排解莫名的不安**，所以想要藉由理毛讓自己稍微平靜。

有可能破壞與貓之間的關係

對貓而言「噴尿→被懲罰→所以這個不能作」這種思考模式是不可行的。在噴尿時或正要作的當下，持續給予不愉快刺激，貓就有可能不會在那個地方噴尿，這是因為他**不喜歡那樣的刺激**。在噴完尿之後，貓已經忘記有這件事情了，若在此時責罵導致不安，造成不愉快的感受。就會**將這種不愉快與責罵的人連結在一起**，一直持續下去有可能會破壞與貓的關係。

若將不愉快的刺激與人類連結並記住，就會出現當人類在場時就不會作，當人類不在場時還是會作這樣的舉動。

看起來似乎很悠哉，其實感到非常不安

移開視線、理毛都是內心不安造成的舉動。

移開視線

表示沒有敵意。

理毛

為了讓心情冷靜下來。

有時會造成認為人類很可怕的狀況

會將責罵的人與不安連結並記憶。

若持續責罵，甚至可能會導致光靠近貓就逃跑的結果。

教養 之3

以有條件的方式加以訓練

若讓貓瞭解可以得到獎賞等等的好結果，就可以訓練牠學會很多事情。

食物是最好的獎品？

一般人的印象中狗會坐下或握手等才藝，但貓似乎什麼都不會。經由多項實驗證實，只要以附帶條件的方式加以訓練，貓也可以學會很多事情。

基本上，狗或貓都可用在每樣事情附加條件的方式來學習，牠們會**將行為與當時發生的事情連結並記憶**。在作了這個行為之後若發生好事、快樂的事情那麼就會繼續作下去；若是發生討厭的事情、不愉快的事情下次就會避開不作。從這樣的認知為基礎加以訓練，那麼貓也能學會許多才藝。

對習慣群體生活的狗來說，被在上位的人類稱讚可以成為**附加條件**，對貓而言就有那麼大的效果。最簡單易懂的作法就是**給予最喜歡的食物**。就是以「若作了〇〇，就可以得到那樣食物」這種方式讓貓學習。

重複短時間訓練

貓與狗相比集中的時間較短，因此**反覆短時間訓練**比較有效。若貓已經厭煩了還勉強繼續，附加條件就會無效。最徹底的方式還是讓貓在愉快的經驗中反覆漸漸學會。此外對食物不太感興趣的貓，以用玩具跟牠玩等其他條件反而比較有效。

與眼睛追逐棍子前端吊掛球的「標的物訓練」相同，以獎品當作附加條件就能夠作得很好。

貓也能夠被訓練

讓貓記住「作○○就會發生好事」，是最好的訓練方式。

討厭＆害怕的東西 之 1

討厭吵雜與臭味！

聽覺和嗅覺比人類更加優秀的貓對日常生活的聲音與氣味都很敏感，有時甚至會造成壓力。

不喜歡巨大的聲音和強烈的氣味

在人類的日常生活之中，有許多貓**討厭的聲音和氣味**。例如：**吸塵器的聲音**，有些貓看見吸塵器就快速逃跑。貓也討厭煙火或打雷等巨大聲響，有些貓甚至會害怕的躲到桌子下。**煙味**或**強烈的香水味**，**薄荷和柑橘類**這類較刺激的氣味在本能上也不喜歡。

像這種不愉快的聲音或味道入侵「自己的居住環境」時，就會造成壓力。曾有案例是貓因為隔壁公寓施工噪音所產生的壓力，導致病情惡化。

依據經驗會改變壓力大小

噪音和討厭的味道對所有貓而言並不一定會造成相同程度的壓力。當那種聲音或味道是「**經常發生、已經習慣的東西**」時，**壓力程度便會降低**。例如：對從幼貓時期就有好幾次搭車前往動物醫院經驗的貓而言，早已習慣車子的聲音和醫院的味道。此時若沒有特別感受到強烈的不愉快，就會乖乖接受診療。

相反地，若是第一次發生這樣經驗的成貓，由於車內的引擎聲、喇叭聲、醫院裡消毒藥水的味道，許多陌生人和動物的聲音、腳步聲、複雜的氣味等都會讓貓感到不安與恐懼。因此有時會在診間到處逃竄，甚至凶暴抵抗。

菸對貓而言和人類一樣會產生二手菸的危險，家人吸菸的習慣與貓發生癌症的機率息息相關。

生活中的噪音

基本上很討厭巨大音量。

討厭的聲音
車子的引擎聲和喇叭聲、施工和選舉宣傳車的噪音
吸塵器和吹風機等電器馬達聲、煙火和打雷的聲音等。

討厭的氣味

討厭強烈的氣味。

討厭＆害怕的東西 之2

骯髒的貓砂盆是造成壓力的兇手

排泄時是處在毫無防備的狀態，因此會很在意四周狀況。骯髒的貓砂盆不只會造成壓力，也有可能成為生病的原因。

貓對貓砂盆很敏感

由於貓會習慣**在固定的地方排泄**，因此訓練使用貓砂盆比想像中簡單。若認定這個貓砂盆，基本上以後就會固定在那邊解決，可是有時會突然在認定的貓砂盆之外大小便。

會發生以上狀況有幾個理由，第一位就是「我討厭這個貓砂盆！」對這個貓砂盆表達不滿。除了貓砂盆擺放處太過吵雜而無法安心，貓砂盆沒有清潔，髒亂不堪外，當同時有好幾隻貓時，因為討厭貓砂盆有其他貓的氣味等原因都會造成壓力累積。

貓對貓砂盆非常在意而且喜歡乾淨。對貓砂種類也有喜好，若突然改變貓砂種類，光是這樣就會讓貓到處亂大小便。此外會有清潔貓砂盆時，在旁邊一直等待，變乾淨後立刻跑進去的情況發生。

忍耐也與生病有關係

若貓砂盆讓貓感到不舒服，有的貓就會盡可能一直忍耐不上廁所。這種情況若一直持續，特別是對二歲至五歲的年輕公貓來說，就會發生由**壓力導致的膀胱炎**。在貓砂盆之外的地方大小便，有時會因此得到泌尿系統方面的疾病。膀胱炎是由細菌感染所引起的，雄性狹窄的尿道甚至還會因此產生結石，堵塞引起發炎。因此不只要維持貓砂盆的清潔，更要注意貓是否生病。

壓力所引起的膀胱炎由於是腦部感到壓力而造成，因此只能從改善貓同類間的關係或貓砂盆環境方面下手。

討厭骯髒的貓砂盆！

不想使用囤積排泄物或有其他貓氣味的貓砂盆。

可以貓砂盆使用狀況確認生病跡象

發生這種情況時要注意！

發生這種情況時要注意！

- 在貓砂盆以外的地方大小便。
- 短時間內去好多次貓砂盆但什麼都上不出來。
- 在貓砂盆待好長一段時間但什麼都上不出來。
- 血尿或血便。（顏色是紅色）

討厭＆害怕的東西 之3

害怕水＆洗澡？

雖然有很多貓討厭被水弄濕，但也有喜歡玩水和習慣洗澡的貓。

貓的毛髮適合沙漠？

在洗澡，淋雨之後，貓的毛會塌下貼在身體上，變得雜亂。狗或貓的毛分成覆蓋在外側，由**較粗的直毛**所構成的外毛和在外毛之下由**柔軟捲毛**所組成的內毛兩種。若拿狗與貓作比較，狗的外毛較硬且含有油脂能夠防水，但纖細且柔軟的貓毛就算是**外毛也很柔軟且不具防水性**。

這是因為貓的祖先生長於降雨量很少的地區。雖有少數的貓對流水或飛濺水花的動態感興趣，一般認為「貓討厭水」是與貓毛的性質有關。

很多討厭洗澡的理由

若是短毛貓，因為可以自行理毛，除非要參加選美比賽，不然**沒有必要勉強洗澡**。洗澡不只會被弄濕，還會被束縛、壓著搓揉，且洗毛精的味道也令貓不舒服，更討厭吹風機的熱風和噪音，對貓而言，洗澡充滿負面因素。若突然要讓沒有經驗的成貓洗澡，一定會遭到強烈抵抗，並且試圖逃脫。長毛種類，需要洗澡的貓，若從幼貓時期就得開始洗澡。早點讓牠習慣，就可以提高接受洗澡的可能性。

長毛種的貓因為是人類所培育出來的品種，光靠貓與生俱來的理毛能力並沒有辦法充分照護。

貓毛防水力較差

由於貓的毛較柔軟，防水能力較低。
被水打濕後就會變成很不堪的模樣。

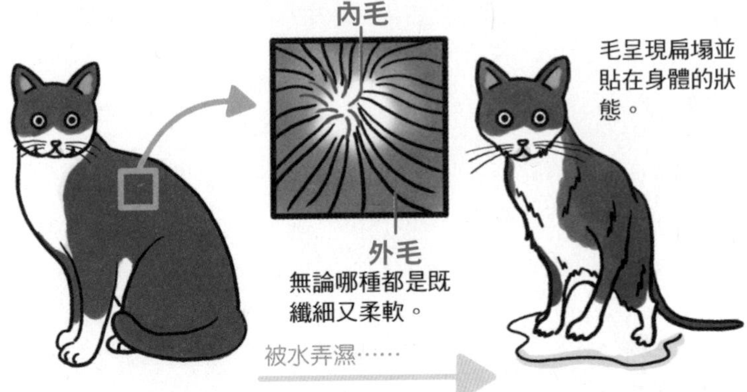

洗澡對貓來說有很多討厭的因素

不只會被弄濕，還有一堆討厭的事情。

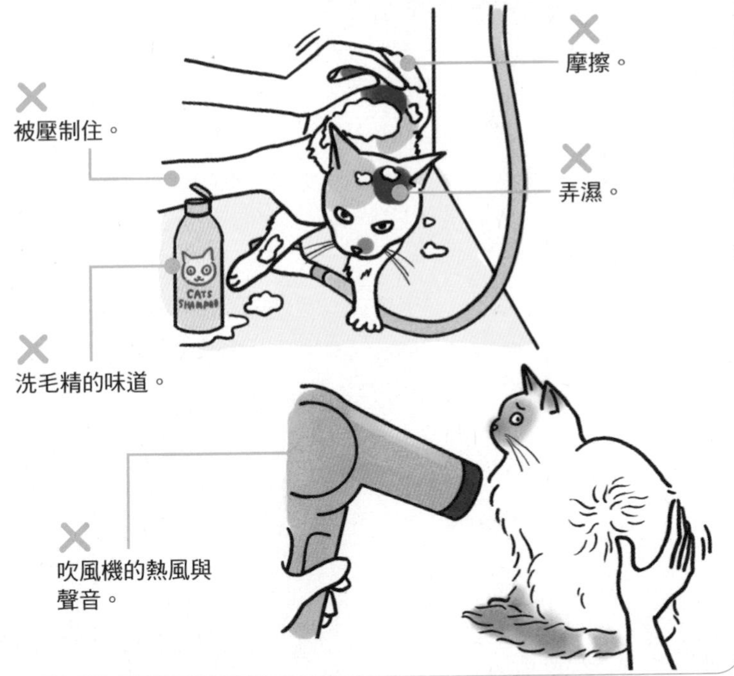

討厭被抱？

對貓來說被抱就如同被拘束一般，無法自由活動，因此有些貓很不喜歡。

若不能夠安心就不願意被抱！

對貓來說，有喜歡被抱的貓，也有就算對象是飼主，仍不願意被抱的貓。有覺得被抱可以被親暱人類的味道與溫暖包圍而感到舒服的貓，也有覺得被拘束，要是發生事情無法以自己的意識自由行動而感到不安的貓。

是否喜歡被抱，要取決於貓的性格、經驗和與抱牠的人之間的關係。除了非常親人的貓之外，大部分的貓都會討厭突然被不認識的人抱起來。

重點在於安定感與自然的姿勢

就算對象是親密的人類，若被抱時呈現不安定或被束縛的姿勢貓都無法忍耐。也就是說人類的抱法有可能導致貓討厭被抱。例如：抱起來時，抓住脖子或抬起前腳，有貓光是這樣就馬上逃走了，因為身體的單一部位被不自然的施力而造成疼痛。被抱時下半身沒有被支撐，所以感到不安、無法冷靜。另外，壓著胸部讓牠無法動彈，這些情況對貓而言都相當痛苦。

為了讓姿勢更加安定，抱的方式有這幾項重點，**將手放在臀部下方支撐**，不要打橫抱起，要讓頭維持在上方，**保持自然姿勢**等。若貓記住了感到舒服的抱法，或許貓會自己要求主人抱喔！

幼貓被母貓啣住脖子後方，叼起時就會變得乖巧，但對成貓來說只會覺得痛苦。

討厭的抱法&舒服的抱法

讓貓感到安心是能夠讓貓願意被抱的條件，
在抱法上也有需要注意的姿勢。

討厭的抱法

抓住前腳或脖子提起。

壓住讓牠感到束縛。

下半身不安定。

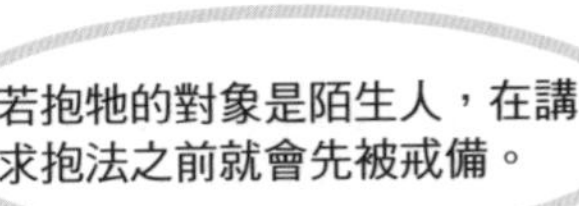

若抱牠的對象是陌生人，在講求抱法之前就會先被戒備。

感到舒適的抱法

STEP 1 扶著前腳上部與臀部。

STEP 2 呈現頭部在上方的自然姿勢，臀部下方用手托住。

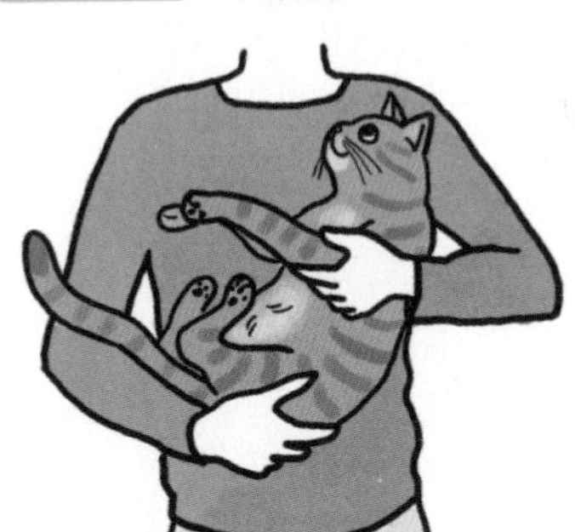

不要緊緊壓住，要輕柔包圍著。

討厭＆害怕的東西 之5

不喜歡小孩？

貓不喜歡被強行撫摸或被纏著不放，因為小孩很容易出現這樣的舉動，所以是貓會戒備的對象。

對貓來說，被強行撫摸很痛苦

有實驗觀察，貓對第一次見面的男性、女性、男孩、女孩會採取什麼樣的行為。

在這個實驗當中一開始讓貓面對每個對象時，禁止互動，當時貓並無特別遠離小孩的傾向。

接著讓各個對象與貓自由接觸。通常大人會等貓自己接近，小孩則會積極的接近貓，就算貓特意保持距離，小孩仍毫不在意的窮追不捨。這是貓特別討厭的行為，且多半出現於男孩。

尊重貓的狀態並平穩的接近

就像實驗所顯示的，貓接近對象時有自己的步調與距離，**非常討厭無視**這點被**強行接近**和**勉強撫摸**。且興奮靠近的小孩，腳步聲跟聲量都很大，對聲音很敏感的貓會感到很吵雜。

比起在看不見的狀況下被觸摸、抱起，能清楚看到、預測對方的動作會讓貓感到比較放心。當處於貓坐著的狀態時，比起大多數都是從上面接近的男性，貓通常較喜歡會以蹲下姿勢接近貓視線高度的女性。一般來說貓**比較能接受容易看見、緩慢動作**的人。

對長時間和飼主一對一接觸的貓而言，會討厭與飼主性別相反的人，同時會以味道判別男女。

生活中的噪音

與對方保持距離或接近的方式，貓有一套屬於自己的步調，牠很討厭步調被打亂。

●強行接近和勉強撫摸。

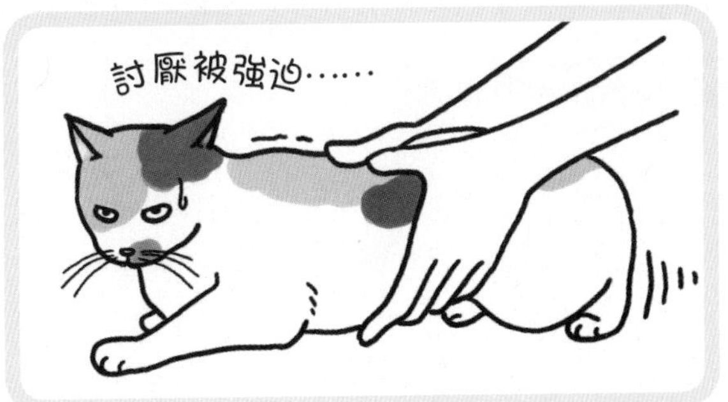

●從貓沒看到的地方突然撫摸或抱起。

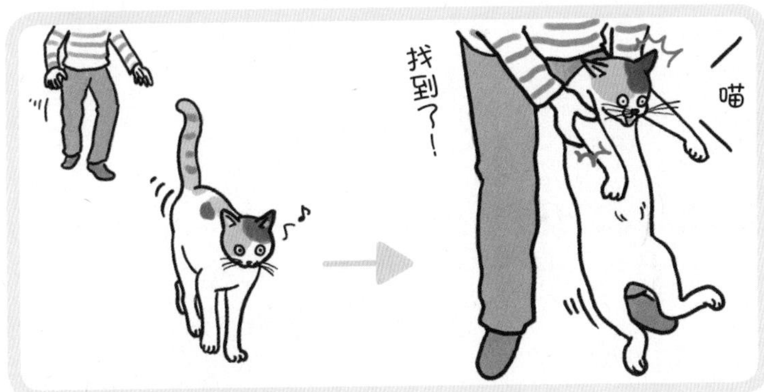

●發出腳步聲或大聲嚷嚷。

討厭＆害怕的東西 之6

對著客人的物品小便

並非因為想要惡作劇或討厭客人才小便，而是因為對陌生人或第一次聞到的氣味感到不安才會忍不住。

懼怕「入侵者」所以小便

對貓來說，一天生活時間超過75%以上都在自己的核心區域中，舒適度是很重要的。由於對家貓來說，家就是自己的核心區域，若這裡出現不認識的「入侵者」，會感到非常介意。有些貓甚至光是**感覺到有來客**，就會躲起來不讓客人看見。

若是稍微冷靜一點、較積極的貓會**確認入侵者的味道**。但就算是這種時候，並非直接面對客人，多半是一點點接近放在旁邊的包包或玄關的鞋子等。若此時客人本身突然靠近或撫摸，就會出現逃走或威嚇的行為。

檢查氣味之後，由於**對陌生的味道感到慌張**，就會想以**小便的方式掩蓋那個氣味**。貓只是因為感到不安想要沾上自己的氣味，絕非想讓飼主感到困擾。

光是聞到陌生的味道就討厭

關於氣味，也有這樣的例子。在某個家裡，貓突然只對剛從健身房回來的先生所使用運動包小便。其實先生拿著包包出門時先與別的女性產生親密行為。貓發覺到包包和裡面的衣物有陌生的氣味，對氣味變化產生不安因此在那邊小便，結果連先生的祕密都被聞了出來。

為了要布滿自己的味道，有時還會大便。有時當家中訪客想要回去時，在鞋子之中發現大便……

對訪客感到害怕的反應

對家貓而言，訪客是闖入自己核心區域的入侵者。

逃走＆躲起來

感受到客人的存在躲在沙發之下等處。

確認氣味

悄悄接近訪客的包包，確認氣味。

因為不安所以小便

對陌生的氣味感到不安，所以小便。

討厭＆害怕的東西 之7

環境變化會造成負擔

貓會想要一直在住習慣之處舒適過生活，因此非常不喜歡環境變化。必須要花很多時間適應新環境。

與其帶著旅行不如留下看家

相較之下習慣獨處的貓就算**獨自留在家中**兩天至三天也不會不開心。比起要坐車，住在陌生的地方，隔天再帶著走的情況，還是選擇留下看家吧！若是短期旅行，留在家中，**找人來幫忙照顧會比較放心**。若要寄養，**需要先寄養讓牠習慣**，且每次寄養都是同一個人、同一個地方，這些細節也是必須注意的。

搬家或家庭成員改變是大事

搬家對貓而言是件大事。必須適應新環境，沾上自己的味道，改造成舒適生活的場所。就如人常說的「**貓在布置窩**」一樣，貓與自己生活的地方深刻連結在一起。特別對野生貓科，確立自己的地盤、領域，是為了不讓獵物被搶奪，是為了生存絕對要堅守之處。現代的貓則因為**依靠飼主**生活，不但可以得到食物，還受到飼主寵愛，雖然改變居住環境會造成負擔，但在搬家時只要帶著許多沾有貓氣味、貓喜歡的物品過去，搬家之後為了讓貓冷靜下來而多花點時間互動等，若確實作到這幾點，貓也能儘早適應新環境。

現在的貓反而是對飼主結婚生子，這種**與人類關係變化感到的負擔較大**。貓飼主不能只專注於處理人之間的關係，用心和貓互動也是很重要的。

也有人生了小孩後因為擔心貓會傷害小嬰兒而棄養，但不論哪邊都是重要的家人。

對環境變化妥善的處理

不論是環境遷移或家族成員的變動對貓的負擔都很大。

旅行

長短期、長期有不同的對應方式。

短期，把貓留在家中拜託人來照顧。

長期盡可能託付給習慣的地方&人。

搬家

為了讓貓習慣新環境的處理方式。

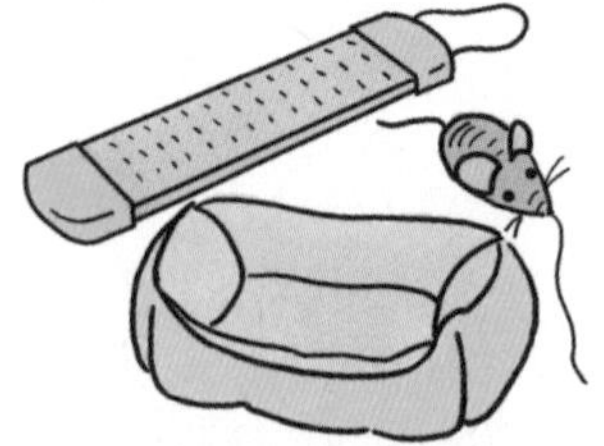

將貓喜歡的物品帶過去。

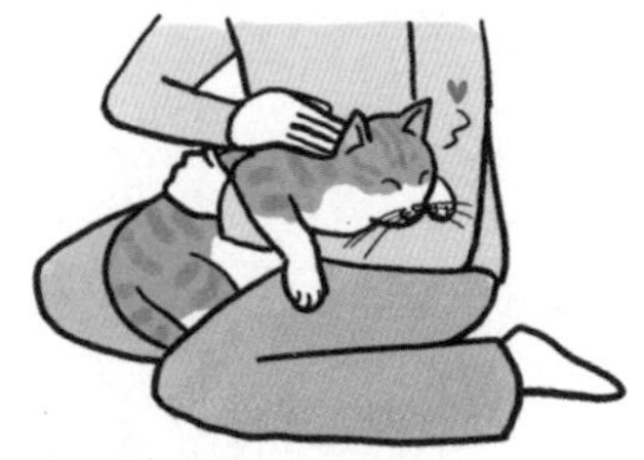

刻意多花點時間與貓互動。

家族成員的變動

不要忘記對貓的關懷。

像往常一樣的一對一互動也很重要，並逐漸讓牠接受新的家人。

不可以餵食的東西

貓也喜歡人類的食物？

貓湊上來作出要求食物的動作或聲音，最後還是忍不住給了一點點……雖然很容易演變成以上的情況，但一定要忍住。

不可以給貓吃人類的食物

人類在吃些什麼，貓通常會很有興趣的靠過來，貓多半會覺得比貓食味道更濃郁的人類食物很好吃。若讓貓知道要求就能得到食物，就會一直纏著飼主直到得到食物為止。但雜食性的人類與肉食性的貓所**需要的營養和比重完全不一樣**，若只吃人類的食物，貓會生病。

人類食物最大的問題就在於**鹽分**。光是以人類與貓的身體大小比例來看，就可以想像人類所攝取的鹽分對貓來說是過剩的。況且貓無法像人一樣，以流汗的方式排出鹽分。只能從尿液排出，因此血壓會立刻上升，對腎臟造成很大的負擔。再加上習慣人類食物的味道之後，就會不願意吃原本是主食的貓飼料了。

對貓身體有害的食物跟植物

在**人類的食物**之中，蔥類食物含有對貓身體**有害的成分**。對人體有益的**礦泉水**則含有會造成尿道結石的成分，長期餵食對貓並不好。

不只是食物，**家中還有許多對貓有毒的植物**。若放在貓可以輕易觸碰的地方，有可能會被貓咬著玩甚至吞下去，因此要注意。

由於狗是雜食性動物，所以讓貓吃狗食是不可以的，反過來則OK。對狗來說反而會變成營養價值較高的一餐。

不可以給貓吃的人類食物

對人來說沒問題，但對貓來說是很危險的。

●氣味強烈的蔬菜（蔥、洋蔥、茗荷等）
含有會溶解貓紅血球的成分
→就算只有微量也會造成貧血等症狀。

●以吃藻類維生的貝類（鮑魚等）
吃了鮑魚再照射陽光會得到皮膚炎
→特別容易發生在皮膚較薄的耳朵部位。

●青皮魚（竹莢魚、鯖魚、沙丁魚等）
攝取太多會導致維他命E不足
→會得到讓脂肪壞死的黃色脂肪症。

●巧克力（可可）
含有會破壞紅血球的成分
→會出現嘔吐、痙攣等中毒症狀。

●礦泉水
含有會造成結石的礦物質
→會引起尿道結石等症狀。

要當心家中的植物！

花瓶和盆栽請放置在貓無法碰到之處。

對貓有危險的植物多達七百種以上！

飼養多隻貓時

飼養兩隻貓時，合得來很重要？

雖然跟個性是否合得來有關，但選擇和先來的貓不易起衝突的組合，讓他們一步步相互習慣才是重點。

不知道處得來的理由

在人們之間有不論如何就是處不來的對象，貓之間也有這樣的問題。長相？氣味？整體姿態？憑著什麼作為判斷標準我們不得而知，但實際上便是有些貓彼此感情要好，有些貓始終不親近。例如在數隻貓之中放進一隻幼貓，通常都會出現一隻特別疼愛幼貓的貓，小貓也最親近這隻貓。但也有貓會一直保持距離。

選擇難以衝突的組合

雖然處不處得來並非人類可以控制，但可以選擇較難**產生衝突的組合**。首先，若現在飼養的貓是成貓，**安全率較高的則是幼貓**。因為對象是幼貓，不會產生入侵者的威脅感。而成貓之間，年齡差距越大則越難發生衝突。**年齡相仿的公貓最容易產生衝突**，若現在養的貓是公貓，想要再養一隻年齡相近的貓，最好選擇母貓。

此外，就算接了新的貓回家，突然讓他們互相見面，對雙方的刺激會太過強烈。一開始用籠子裝著新來的貓放在另一房間，讓雙方適應彼此的存在、聲音及氣味。之後打開房間的門，隔著籠子讓雙方互相見面，在人類抱著的狀態下短時間交流等，**一點一點相互習慣**，是建立良好關係的訣竅。

分成許多階段的方式對讓貓習慣其他事物來說非常有效。為了不要造成負擔，一點一點累積輕微的刺激。

挑選不容易起衝突的組合

異性、年齡差距大的貓同類較安全。

成貓＋幼貓

公貓＋母貓

容易起衝突的是年齡相近的公貓。

一步步相互習慣對方

聲音、氣味、樣貌等，一點一點地讓牠們習慣對方。

STEP 1

把新來的貓關在籠子裡，放在別的房間。

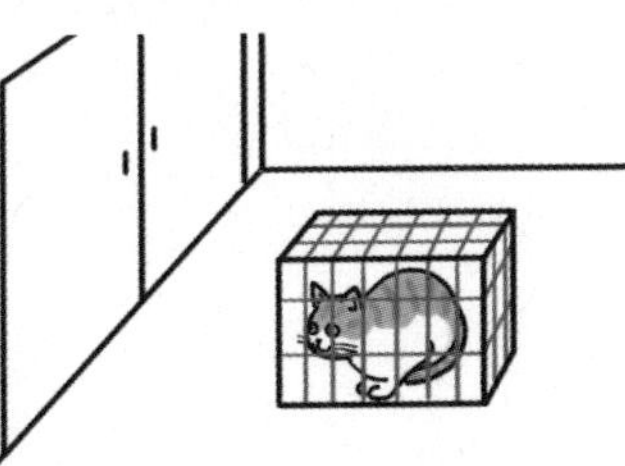

STEP 2

在新來的貓被關在籠子裡的狀態下，把門打開。

STEP 3

由人抱著的狀態下，短時間見面。

專欄 4

貓可以表演才藝到什麼樣的程度？

在街上常可以看到狗或猴子表演才藝，那貓到底可以表演才藝到什麼程度呢？

在俄國有世界上唯一的貓馬戲團。貓會在扮演小丑的人類手上倒立，走鋼索，顛覆以往人們對「貓＝不會才藝」的印象，呈現精采的演出。徹底活用貓所喜歡的事物，不以調教的方式而是運用貓熱衷於喜歡事物的特性，讓貓在遊戲的同時完成雜耍演出。

還有另一項關於貓的才藝，那就是貓的障礙賽。大部分人都知道跳過或鑽過輪胎的狗障礙比賽，其實也有舉行貓的障礙賽。狗的情況大部分都是飼主一邊出聲並一同陪伴奔跑的情況較多，貓的情況則多是以逗貓棒誘導。這雖然是一種比賽，但對貓而言更像是追著逃跑物體的遊戲。也就是說為了提昇貓的表演能力，讓「貓覺得開心」這件事才是最重要的。

第5章

貓的社會規則與組織結構

在貓之間如何瞭解對方的心情，
是用什麼方式相互傳達呢？
在本章中，
就讓我們一起來瞭解貓之間的關係
與其中的各種交流方式吧！

貓的相處 之1

碰觸鼻子是貓之間打招呼的方式

貓會先以氣味確認對方。把臉湊上去互相聞對方的氣味，這是親密的貓之間打招呼的方式。

互相嗅聞，確認彼此

在貓嘴巴的四周有會分泌味道的腺體，貓之間會互相嗅聞腺體所散發出的味道，確認彼此身分。一般而言，**互相嗅聞味道**是**親密夥伴間的行為**。

除了**嘴巴四周**，也會**互相嗅聞肛門四周的氣味**。肛門四周的氣味在貓之間則可傳遞某些情報。例如：尚未發情的母貓肛門四周的氣味，有驅趕性成熟公貓的效果。

若某隻貓主要活動範圍闖入其他貓時，生活在此的貓同樣會嗅聞對手的口鼻四周，接著再聞肛門四周。這樣的行為多半被解釋為是在確認陌生的貓，但實際上是**確認對方是否為認識的貓**。在嗅聞氣味之後不會進而發生衝突，無攻擊或追趕的敵意。

互相觸碰鼻子也是打招呼的方式

不只是相互嗅聞氣味，有時會**觸碰鼻子**。這是互相磨蹭對方的腺體，交換氣味的溝通方式，也被認為是**一種打招呼的方式**。這跟貓在凸出的物體上磨蹭時，最先以鼻子摩擦的習慣有關。

若對貓的鼻頭伸出手指，貓會聞氣味並以鼻頭磨蹭。這或許跟貓同類之間，鼻子碰鼻子是同樣的感覺。

互相嗅聞氣味藉以打招呼

把臉靠過去互相聞味道，在打招呼的同時確認對方身分。

貓的相處 之2

目光接觸是違反規則？

無友好關係的同類間，一直相互直視，會被視為是威嚇與敵意的表現。

把眼神轉開是一種招呼方式

對貓而言一直盯著對方看是一種表現出攻擊性的態度。例如兩隻合不來的貓偶然相遇時，互相直視對方眼睛，接下來可能會演變為互瞪，繼而發生衝突，所以貓通常會互相避開眼神。

避開眼神是向對方傳達**無爭吵之意**，為了避開非刻意的爭執。實際上，當貓各自在常走的路徑上，於交會點碰面時，也會發生坐下不動讓對方先通過的行為。換句話說，轉開眼神是為了避免打架的**一種規矩、一種打招呼**的方式。

經實驗證明，避開眼神的關係

關於貓避開眼神的行為，有實驗實際測量，讓無親密關係的兩隻貓面對面，各自看對方的時間與眼神對上的時間。實驗結果發現，就眼神對上的時間占總見面時間的比率來說，實際上眼神對到的時間比起預測來得短。也就是說貓同類間就算互相偷偷觀察對方，當眼神快要對上時就會迅速撇開。

然而，在感情要好的貓之間，就沒有上述的時間差異，不會特意避開眼神。直視是否代表敵意，則因貓之間的關係會產生不同解讀。

貓對人也會盡量不對上眼神，特別是當被不認識的人盯著瞧時，貓會把眼神移開。

移開眼神是為了避免爭執

表示沒有要爭吵的意思，並禮讓對方道路。

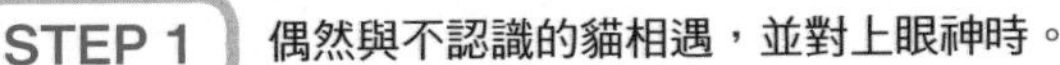

STEP 1 偶然與不認識的貓相遇，並對上眼神時。

就算只是偶然相遇，如果就這樣一直盯著對方有可能會演變為衝突。

STEP 2 移開眼神並禮讓對方道路，另一隻也避開眼神通過。

以避開眼神的方式向對方表明無意爭執，可避免不必要的衝突。

STEP 3 當對手通過後便會起身往反方向走去。

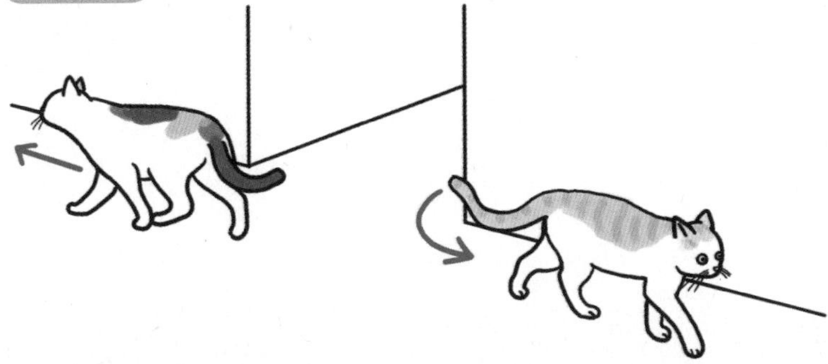

貓的相處 之3

從態度就可判斷哪一方較強勢？

在貓之間有地位優劣之分，只是這種關係是會改變的。

力量關係以本能瞬間判斷

當相互不認識的貓見面時，會以本能互相迅速判斷自己比對方強或比對方弱。在互相確認對方樣貌的同時，認為自己處於**優勢**的貓就有可能會**盯著對方直接朝對方走去**。而認為自己處於**劣勢**的貓會移開眼神，**停下來讓對手通過**，或**轉身逃跑**。此外，依據地點與情況的不同，不一定會採取這樣的行為，反而會因為害怕，為了自我防衛而威嚇對方。雖然我們並不清楚這種**優劣關係是以什麼為基準**，但基本上認為與貓的**性別**、**年齡**與**體型大小**有關。

一旦決定關係之後，就會維持一段時間

當誰也不認為自己處於劣勢，互不相讓時，就會發展成互相敵視並發生衝突。若在這場衝突當中決定勝負，相互的優劣關係就會塵埃落定。之後見面時再爭執只會互相浪費體力，所以輸的貓會心甘情願的承認劣勢。至少，在輸的貓復仇成功前這種關係不會產生改變。

這樣的關係並非絕對或單方面的。例如：當劣勢的貓在進食地點吃東西時，後來才來的處於優勢的貓也不會出現推開劣勢的貓搶奪其食物的舉動。

優先權會因為地點或時段而有所改變。就算是處於優勢的貓，當自己在與往常不同的時段通過該地點時也會產生禮讓的情況。

以態度就可判斷優勢與劣勢

處於優勢的貓會冷靜的持續自己的行為。

優勢的貓

劣勢的貓

●轉身逃跑。

●等待對手通過。

●因為害怕而威嚇。

貓的相處 之4

打架之間會短暫休息？

貓打架有一定的節奏，不會長時間扭打在一起，會有突然互相分開的時段。

攻擊的目標在於頭部四周

貓打架會從互瞪開始。首先聳起相當於人類肩膀的部位，抬起頭，並高舉豎著毛的尾巴，互相低吼，在此時帶有想以威嚇來嚇跑對方避免爭執的心態。倘若雙方誰都不肯退讓，就無法避免爭端。一旦認真起來，會壓低頭部並垂下尾巴，重心放在後面，前腳伸出爪子。

貓之間的打架，攻擊基本上與狩獵時相同，目標是對方的頸部。舉起伸出爪子的前腳，撲向對手，想要咬住對方頸部。此時前腳的動作就是所謂的「貓拳」。

扭打之中，會停下來休息

貓的攻勢對獵物是一擊必殺，但會發生衝突的通常是差不多等級的貓。與獵物相比，不論是體型或力道都不同。就算一方想咬著對手脖子，另一方也會順勢倒下反過來攻擊，一邊由下往上咬，一邊抱住對手，並開始滾動扭打。然而這樣的扭打並不會維持太久，會在途中突然分開，再次回到互瞪狀態，甚至在此時還會各自理毛。**看似很悠哉，卻是為了讓情緒從打架的緊繃狀態中平復下來**。並非代表打架已經結束，在分出勝負之前會重複好幾次互瞪與扭打的動作。

雄性的第二性徵是頭和肩膀的皮膚變厚，這是為了保護打架時容易被攻擊的頸部。

貓的打架模式

從互瞪開始演變為扭打，之後突然分開，
又回到互瞪的狀態。

抬起頭部與豎起毛的尾巴，互相嘶吼。

開始攻擊（揮出貓拳）

鎖定頸部，揮出前腳撲上前去。

停止一會兒

突然分開，在此時也會出現理毛的動作。

扭打

被攻擊的貓倒下，從下方反擊，在地上滾動扭打在一起。

貓的相處 之5

貓打架是有規則的

貓同類間的打架，若一方擺出投降的姿勢或逃走就算結束了，通常勝利者不會再繼續攻擊。

投降或逃走就代表打架結束

若在重複的互瞪和扭打之中，有一邊的貓蜷曲起身子，不再進行任何攻擊，通常打架就到此為止。認輸的貓會一直擺出肚子貼地、垂下耳朵、縮起頭部並藏起尾巴的**投降姿勢**，呈現攻擊狀態的對手看到這個投降姿勢之後通常**不會再繼續攻擊**。

此外，結束打架還有另一個方式，那就是**逃離現場**。對向後逃跑的對手，勝利者多少都會加以攻擊，但不會繼續追趕。

很少危及生命的貓打架

當貓在打架時，聽到威猛的嘶吼或淒慘的叫聲而讓人擔心戰況慘烈，其實貓很少因打架受傷而致命。若雙方**體型或力量的差異大到可致對手於死地，一開始就不會打架**。

貓本來就傾向**避免會受傷的打架**。例如：當家中飼養數隻貓時，幾乎看不到流血衝突發生，這件事也能從家貓感染以咬傷為途徑的貓愛滋（FIV）機率低於野貓獲得證實。或許是因為在同一個家中，就算打架也無處可躲，因此相互忍讓吧！

打架後，若頭、頸部或肩膀有抓傷或咬傷，這是迎戰時所受的傷，若是後腳或臀部有傷，就是逃跑時所受的傷。

若一方認輸，打架就算結束

當對手擺出投降的姿勢或逃走認輸，
就不再繼續攻擊是貓的打架規則。

對手投降

停止攻擊

不會繼續攻擊不抵抗的對手或追趕逃走的對手。

投降的姿勢 之一

蜷曲

一直蜷曲著，表現出不再攻擊的意思。

投降的姿勢 之二

逃走

向後逃離現場。

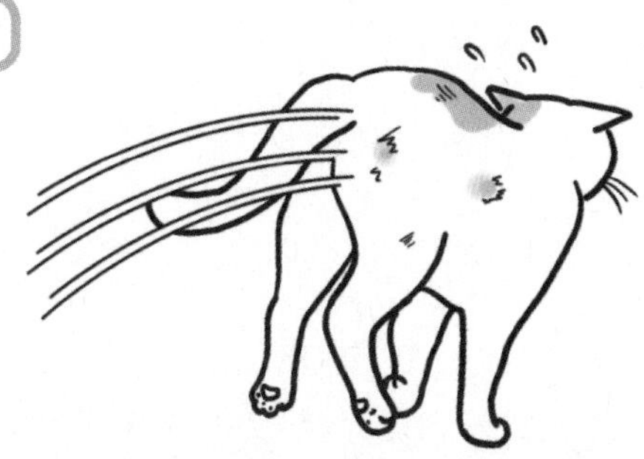

區域性的貓社會 之1

最強的就是老大？

根據各種貓社會的調查，可以瞭解貓同類間的關係是相當複雜且不穩定的。

貓社會裡的老大是？

我們曾經認為生活在同一區域內的貓，只是因為恰巧生活圈接近，彼此間並沒有積極的互動，因此當時所認為的**老大**是指那個**地區最強的貓**。一般而言，沒有被結紮的公貓，體格良好、打架經驗豐富，相對於其他貓來說是**具優勢的貓**。

現在我們知道貓也會組成團體，**老大則被認為是團體首領**。但貓的團體有分各種模式，並非像以前一樣老大僅限於公貓。例如：以貓團體而言較常見的是僅以由母子、姊妹等擁有血緣關係的母貓與幼貓所組成的團體，出現這種情況時，團體的首領便是母貓。

老大的地位並非絕對

能夠單獨生存的貓之所以會組成團體，共同養育小孩，一起開心生活，是因為這樣彼此都很舒適，時機點也剛好。若情況改變，例如：食物不夠時，就會以單獨生存為優先考量，導致**團體分裂、潰散**。因此貓的群體中並沒有可以獨占所有權力、具**絕對優勢的老大存在**，貓的立場與角色分配會對應四周環境、交配或生產等當時狀況進行複雜的變化。

貓團體的研究主要以野貓群和在農場、研究所或繁殖場這類大批被飼養的貓為對象。

老大就是團體的首領

貓的團體當中也有單純由母貓所組成的團體，因此老大不一定是公貓。

只有公貓，或也夾雜母貓的團體

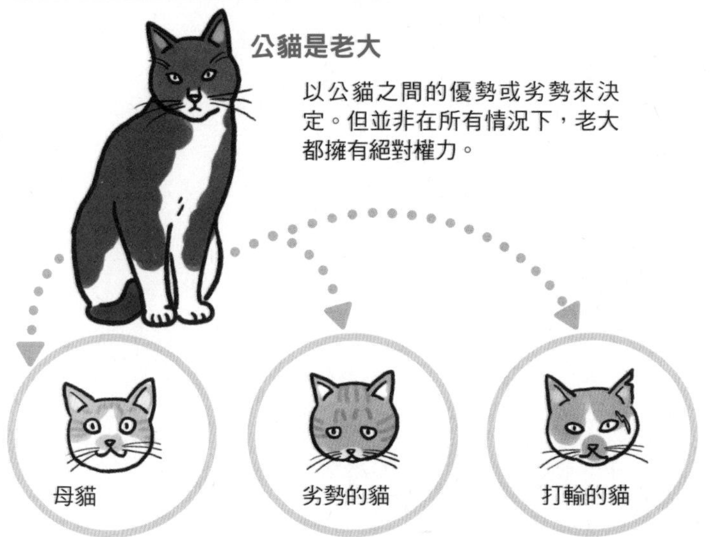

公貓是老大

以公貓之間的優勢或劣勢來決定。但並非在所有情況下，老大都擁有絕對權力。

以家庭為中心的母子團體

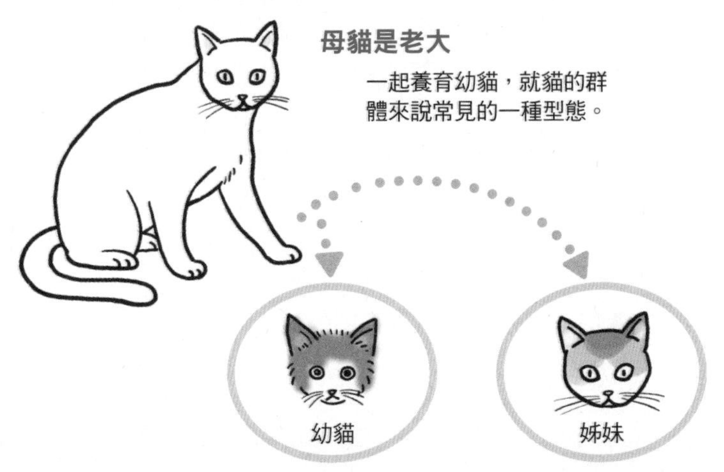

母貓是老大

一起養育幼貓，就貓的群體來說常見的一種型態。

區域性的貓社會 之2

以巡邏蒐集情報

貓每天在固定地點走動，是為了從其他貓所留下的氣味中蒐集情報，不是簡單可以改變的習慣。

蒐集其他貓留下的氣味

可自由進出室內外的貓，會有在家的四周等**固定地點定期走動**的習慣。這種行動對野生貓科來說，是為了警告侵入自己「地盤」的入侵者，與巡邏是一樣意思。對現在的貓而言，**並非像野生貓科一樣，生活範圍具有排他性**。被飼養的貓與人類共同生活的區域房屋密集，野貓也聚集在有食物的地方，因此活動範圍不可能與其他貓完全沒有重疊。沒有「就算和入侵者打架也要全部趕走！」如此強烈的地盤意識。

那麼貓為何要到處走動呢？和野生貓科一樣，是在確認自己的活動範圍，其目的並非趕走入侵者，而是**以氣味和四周的貓交流情報，是一種溝通管道**。

改變住處巡邏行為也會產生變化

生活在同樣場所時，貓的**巡邏**習慣不會改變。若是想把野貓養在室內，每天一定會為了想要外出而吵鬧。即使在家裡的生活再舒適，外出時間或許會變短，但一天一定要有一次外出的機會，就算只有15分鐘，不去固定地點走一圈便無法平靜。當遇到搬家等狀況改變生活環境時，外面成為陌生的環境。就不會想要到外頭去，也不再吵鬧了。

有研究顯示，對想到外頭巡邏的貓來說，在室內各處藏食物讓牠尋找，到處走動即可夠滿足牠的需求。

沿著既定行程確認氣味

貓有每天巡視固定範圍的習性，以氣味確認其他貓的行為。

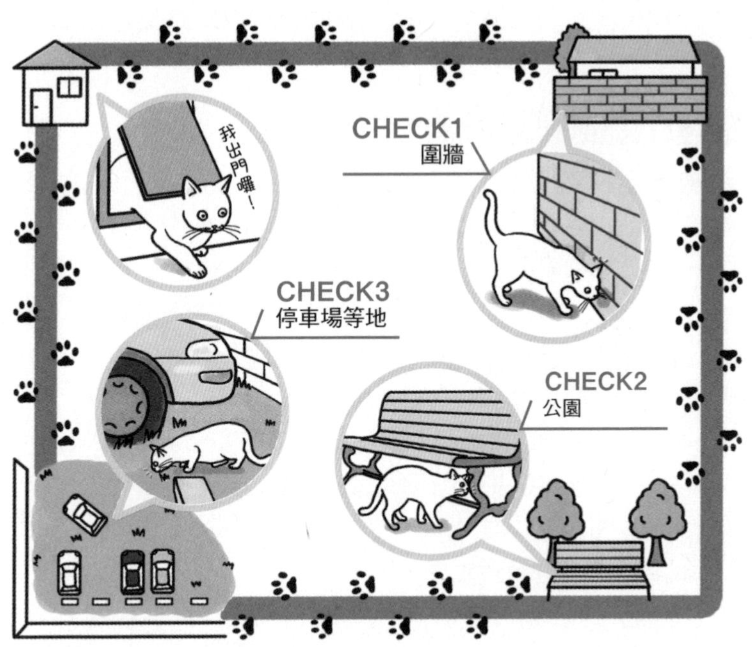

若環境改變行程也會改變

若環境因為搬家等因素改變，會在新地點重新擬定行程。

剛開始把野貓養在室內時

為了巡視以往既定的路線而吵著要外出。

因搬家而改變環境

活動範圍只剩下室內，就不會想到外頭去了。

區域性的貓社會 之3

以作記號的方式自我介紹

磨爪子、噴尿、摩擦身體等，貓留下自己氣味的行為是留給附近其他貓的訊息。

以氣味傳遞自己的情報

每日外出巡邏的貓不只是到處嗅聞味道以蒐集其他貓的資訊，同時自己也在發送情報。其手段就是以**磨爪子、噴尿、摩擦身體**等留下自己氣味的行為。作**記號的動作**會定期發生在同樣地點，以氣味向通過該地點的貓傳達訊息。貓相互以味道分辨對方，因此若是認識的貓，可以根據記號傳達，是誰在何時經過此地等訊息。

貓所殘留下的氣味不只可以判斷性別，也可判定雄性是否已進入性成熟期，雌性是否正在發情期，也就是說當進入發情期時，根據氣味所提供的情報，可以成為正在尋求對象的公貓和母貓相遇的契機。

也能夠幫助避開爭端

巡邏時所作的記號可以**避免貓同類間的紛爭**。某隻貓留下氣味宣揚自己的存在，不想見到這隻貓的其他貓就不會在同一時段到此地點。假如偶然遇到，演變成打架的窘境則是迫不得已。就算是陌生的貓也能從記號得知對方的性別、年齡等資訊，作為**互相判斷力量關係**的參考依據。

貓會盡量在高處磨爪子，就視覺而言能告訴對方自己的體型大小。

以作記號的方式發送情報

貓會在固定的地點留下自己的氣味，
向四周的貓傳達自己的存在。

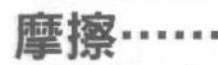

噴尿……

蒐尋情報以避開爭端

依據氣味所交換的情報，能夠避開不想見到的對象。

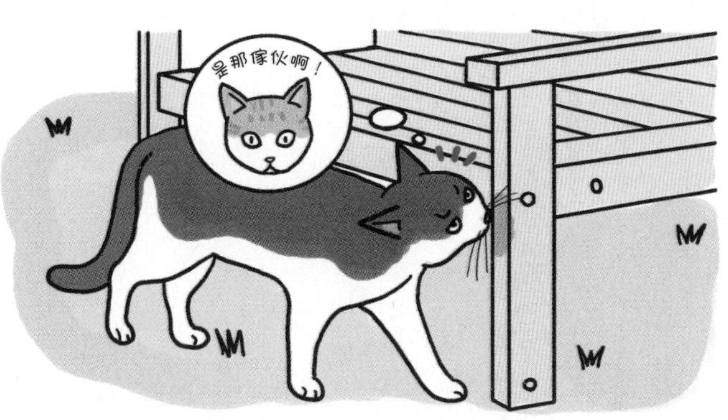

區域性的貓社會 之4

謎樣貓聚會的實際狀況是？

在深夜的空地、公園或停車場聚集了貓群的「貓聚會」。目前尚未清楚切確的集會目的。

群體聚集的可能性

我們想了好幾種貓會聚集在**公園、空地或停車場的理由**，只是不論哪種，若是以貓可從中得到好處的角度來思考都顯得十分不自然。最單純的理由就是此處為**進食的地點**，若該處為當地人餵食野貓的地點，時間到了貓自然就會聚集過來。聚集過來的是以該地為中心生活的相同一群貓，在吃完之後不會立刻解散，而是放鬆的坐著，互相摩擦身體、理毛，共度餐後的一段時光。

有時並非是進食場地，而是群體生活的中心。三三兩兩朝有同伴的地方聚集過來，以短暫共同生活來**維持團體間的聯繫**。

在發情期時是戀愛的場地？

對想找尋正在發情對象的貓來說，聚集了很多貓的「**貓聚會**」可以說是最好的**戀愛場地**了吧？然而在發情期間集會時間較長，到處都是開始交配的貓。就人類觀點來看，到最後會演變為繁衍出幼貓，而被抓去衛生所安樂死的這種悲慘結局。若餵食野貓而形成聚集地，同時必須考慮到貓的保障和結紮等問題。

被帶到衛生所的多半是幼貓，也有案例是飼主不幫貓結紮，連生下來的幼貓一起帶過去。

貓的聚會

若是安穩的一同度過，應該是相同一群貓的聚會。

貓的戀愛方式 之1

戀愛季節從何時開始？

只有雌性會依照時節發情，雄性是受到雌性刺激才會有所反應。

依照時節發情的只有雌性

俳句中的「貓之戀」被當作早春的季語，貓的**發情期**實際上是從此時，也就是**一月底**開始可以一直持續到**八月底**左右，雖說如此，此時發情的只有雌性。雄性不會有季節性的發情反應。因為是配合雌性發情產生的行為，基本上是整年都能交配的**全年繁殖動物**，相對的，若完全沒有感受到雌性的暗示，就幾乎不會產生性衝動。

雌性的發情期受到**日照時間的影響**，會隨著環境改變發情期。與人類共同生活，夜晚也處在明亮環境中的雌性，由於季節感混亂，發情期變得很長。據實驗瞭解，若一天處在十二小時至十四小時的照明之下，雌性的發情期也變得不受季節影響。

雌性發情的機制

雌性發情是由於在卵巢中卵泡內的卵子成熟所引起。人類會定期排卵，貓的身體構造卻是**不交配就不會排卵**的機制（**交配排卵**）。因此，若沒有交配，讓卵子衰退，發情就會停止。此外與定期排卵不同的是，距離下次發情期的時間長短會依據不同的貓而有所差異。根據觀察，只有雌性的團體，在六個月的繁殖期之中，比起大多數母貓每兩週就發情，也有在整個繁殖期中只發情幾次的少數案例。

兔子雖然跟貓一樣是交配排卵的動物，但由於複數卵泡同時成熟，因此發情沒有休止期，一直持續在發情。

雌性與雄性的發情狀況不同

雌性與雄性發情時期的間隔不一樣。

雌性發情的狀況

隨季節繁殖 在自然情況下是一月底至八月底，繁殖期會依據日照時間來決定。

1月	2月	3月	4月	5月	6月	7月	8月	9月	10月	11月	12月

全年繁殖 若沒有受到雌性的刺激，基本上不會產生性行為。若受到刺激隨時都準備好。

雄性發情的狀況

貓的戀愛方式 之2

發情會增加打架機率

雌性會以獨特的聲音和姿勢向雄性表示牠正在發情。雄性則因為性亢奮，與雄性同類產生衝突的機率變高了。

雌性以各種姿態表示發情

正在發情的雌性會以各種方式讓四周知道自己正在發情。首先最具特色的就是叫聲，和平時不同以**特有的大聲量鳴叫**。還會以自己的**身體摩擦周圍各種物體**，留下可以傳達發情的氣味。不只是物品，有時甚至還會直接摩擦雄性的身體。甚至會在雄性面前，作一種名為rolling**在地上滾動的行為**。以此刺激雄性的聽覺、嗅覺和視覺來引誘雄性。

在雌性的刺激下雄性變得熱情

當性成熟的雄性發現到雌性發情的舉動時，會變得焦躁且興奮，開始準備進行交配。雄性一旦發情，首先會**增加噴尿的次數**。這不只是告知雌性自己的存在，同時也宣告自己要行動，對周圍雄性施加壓力。就像是要呼應雌性的叫聲，雄性也會以類似的巨大聲量一邊鳴叫一邊到處走動找尋雌性。飼養在屋內的貓，若受到外來的刺激也會想到外面去。

雄性一旦進入性亢奮的狀態，便會大量分泌**男性荷爾蒙（睪酮）**。由於男性荷爾蒙具支配攻擊性的要素，在這個時期的雄性會變得很有攻擊性。更因為要找尋雌性而到處徘徊，在附近群聚、相互接觸，打架的機率也隨著變高。正因如此，在雌性發情的叫聲之中，不時還會混雜著相互激烈咆嘯的雄性叫聲。

演變成相互攻擊的雄性之間，有時會把原本爭吵目的的雌性扔在一邊，展開激烈的打鬥。

雌性向雄性表現出發情的舉動

以聲音、氣味、姿勢引誘雄性。

雌性展現發情的方式

- 以發情期獨特的聲音鳴叫。
- 以身體摩擦四周物體或雄性的身體。
- 靠近雄性，打滾給牠看。

當著雄性的面，在地上打滾是發情的象徵。

雄性為回應雌性而感到興奮

受到雌性的刺激而分泌大量雄性荷爾蒙，
開始產生性亢奮。

雄性行為的變化

- 增加噴尿頻率。
- 發出與雌性類似的巨大叫聲。
- 為了尋找雌性到處徘徊，若飼養在室內則會想到外頭。
- 變得具有攻擊性，增加打架頻率。

在雌性周圍會聚集雄性，有時也會有打鬥場景發生。

貓的戀愛方式 之3

母貓才有選擇對象的權力？

交配的成立與否決定權在雌性。處於完全發情的狀態之下，會比較爽快的接受對方。

雌性的態度會漸漸產生變化

沒有發情的雌性基本上很討厭接近雄性。若受到其他雌性刺激而興奮的雄性對沒有發情的雌性作出求偶的舉動，會被攻擊並驅趕。

在被稱作「發情前期」的正式發情前這段時期，雌性的態度會變得較為柔和，就算雄性接近也不會攻擊。甚至雄性會咬著雌性的頸部，作出**騎乘體態**這類的姿勢，雌性大部分會暫時接受，卻**拒絕最後的交配行為**。

接受的訊息也是由雌性發出

當進入發情期，會由雌性作出稱為lordosis的**允許交配姿勢**。此時雌性會將胸部與腹部貼在地上，抬高臀部。擺出這個姿勢，**後腳交互踩踏**，就表示可以開始準備交配。只是依據每隻貓個性不同，也有雌性在開始發情的一天至兩天內對交配不甚積極。對方若是主動要求交配會接受，但不會自己主動誘惑雄性。即將進入發情高潮的第三天後，就算較溫馴的雌性也會主動靠近雄性。

關於雌性選擇雄性的標準為何有很多種說法，發情期達到高峰的狀態下，**大多不太會挑選對象**。此外，在同一次發情期中，有可能接受複數的雄性，產生一妻多夫的狀態。

貓與狗相比之下較不挑選對象，是因為狗的祖先——狼是一夫一妻制的緣故。

雌性對待雄性態度上的轉變

在沒有發情與發情的時候，
對待雄性的態度有很大的差異。

沒有發情時

- 基本上不接近雄性。（若是平時要好的雄性，就沒問題，但無性方面的意味）。
- 若對方作出性舉動多半會攻擊對方。

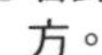

發情前期（發情的一日至2日前）

- 接受雄性靠近。
- 有時也會接受雄性的性舉動。
- 但依然會拒絕交配。

發情期

- 自動擺出容許交配的姿勢（lordosis），引誘雄性。

貓的戀愛方式 之4

從啃咬頸部開始

貓的交配由雄性啃咬雌性頸部開始。交配時會因為雄性陰莖的刺激，讓雌性開始排卵。

插入時間為一、二秒

交配一旦開始，雄性從後方抱住雌性，啃咬頸部，直接進行騎乘姿勢。接著雄性移動後腳調整位置，雌性把尾巴移動到側邊，像是爬樓梯般雙腳交互踩踏配合。當雄性插入陰莖，在**短短一、二秒內母貓會發出「啊」的叫聲**，雄性則匆忙逃跑。因為交配之後的雌性會激烈攻擊在一旁的雄性。雌性會持續這樣興奮的狀態在地上打滾、舔舐陰部，**完全冷靜下來需要花大約十分鐘**。等到雌性冷靜下來後，雄性會再次靠近，重複交配動作。

交配後二十六小時至二十七小時會排卵

雄性的陰莖長度約2cm左右，上面有像尖刺般的突起物。這樣的**陰莖可刺激雌性陰道，引起排卵**。僅靠一次交配無法保證一定會排卵，因此要重複交配好幾次。**交配後到排卵約二十六小時至二十七小時**，假如順利，隔日就會授精。

雌性會積極利用這一天的排卵期間，也就是在排卵之前盡量接受多一點精子，確實完成授精，使懷孕成功。對象不只限於一個。由於貓的卵子是複數的，有時會有**每個卵子與不同雄性的精子授精**的狀況，也常發生**同時多次受孕**。與多個對象交配，以擴展基因範圍的方式更能確保留下後代。

交尾行為重點在於雄性的經驗。經驗豐富的雄性能確實儘早插入，還不熟練的雄性則拖拖拉拉。

貓的交配行為

交配行為由雄性咬住頸部開始，
插入後以母貓的叫聲作為結束。

STEP 1

雄性咬住雌性頸部，騎乘上去。

STEP 2

陰莖插入後，
雌性會發出叫聲。

STEP 3

雌性處於興奮狀態，
在地上打滾、舔舐陰部。
雄性則保持距離觀看。

STEP 4

等雌性冷靜下來，
雄性會再次靠近。

貓的生產方式 之1

若懷孕馬上就會知道？

貓一旦受孕，分為左右兩邊的子宮角會各自開始孕育胎兒。懷孕初期的徵兆是乳頭顏色的變化。

貓的子宮是Y字形的

貓的子宮被稱之為**雙角子宮**，子宮前端**分為兩側，呈Y字形**。Y字兩端的部份稱為子宮角，在兩個子宮角前端分別有卵巢，因為左右卵巢會各自排卵，因此能夠有複數卵子授精。一旦懷孕，在左右子宮角中，會各自孕育複數胎兒。

從交配到**生產平均為六十七天**。懷孕的貓一開始在交配後三週左右，**乳頭會變成深粉紅色**。交尾經過四十日左右，會明顯出現「食慾增加」、「體重上升」、「活動量下降」等懷孕徵兆。

懷孕與荷爾蒙的變化

貓交配後，卵泡破裂（排卵）便會在此形成黃體，一旦分泌**黃體荷爾蒙**，就會停止發情。黃體分泌會持續到生產為止，這是為了**控制在懷孕中不要發情**。

而所謂的「**假懷孕**」類似於人類的懷孕妄想症，正是由這種荷爾蒙變化所引起。雌性因交配排卵，就算沒有成功受孕，還是會分泌黃體荷爾蒙，因此荷爾蒙的平衡與懷孕期間呈現相同狀態。只是假懷孕維持的期間**約為四十天**，較一般懷孕來得短。而且沒有像是狗假懷孕時，乳房腫脹、分泌乳汁等身體的變化。貓的假懷孕特徵只有在那段期間不會發情而已。

生產後，由幼貓吸吮乳頭刺激分泌的荷爾蒙（泌乳激素）中具有在哺育幼貓期間抑制發情的功用。

貓懷孕的特徵

大約懷孕四十日左右，就能明顯看出懷孕症狀。

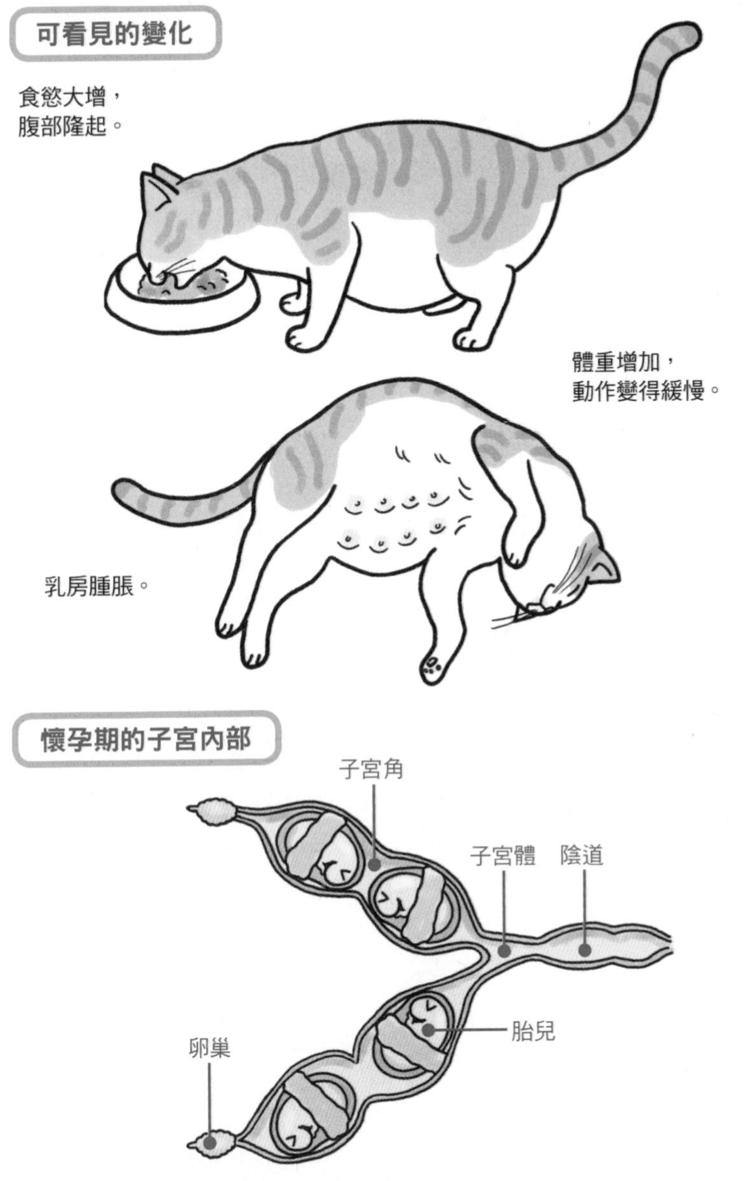

貓的生產方式 之2

幼貓毛色變化豐富的祕密

一隻雌性可以生出多隻毛色與花紋不同的幼貓，是因為決定毛色的基因錯綜複雜。

由各種基因決定毛色

決定貓毛色和花紋的**基因多達二十種以上**，組合結果數量驚人。因此除了由人類育種的貓之外，從毛色和花紋來找尋父親都是極度困難的工作。連是否由不同父親同時多次受孕都無法分辨，判斷也就更加困難了。

決定毛色與花紋特徵的其中一組基因──Agouti（基因A）是決定**每根毛花紋的基因**。也就是我們看到花貓每根毛上帶狀的圖案。Agouti所決定的帶狀粗細與毛的根數，每隻貓都不相同。雖然統稱為花貓，但毛色變化豐富是因為這個原因。

基因有分顯性和隱性之分，**隱性基因**的特徵不會顯現於親子之間，而會隔代遺傳。例如：雙親都是黑貓，幼貓的毛色卻是雙親上一代的別種顏色。

三色貓只有雌性？

擁有白、黑和紅（咖啡）三種毛色的**三色貓基本上全都是雌性**。這是因為貓毛的紅色基因位於性染色體上。**性染色體**是決定性別的元素，**雄性是XY、雌性則是XX**，各自擁有一組染色體。然而成為三色貓所需要的，製造紅斑的橘色基因（O）與製造黑斑的非橘色基因（o）雙方都位於X染色體上，而且不能同時存在於同一個X染色體。因此只有一個X染色體的公貓就不可能是三色貓了。

在罕見的XXY或XXYY這種染色體異常的個體之中，就會出現公的三色貓。

決定毛色和花紋的基因

決定毛色和花紋的是多達二十種以上的基因。

基因舉例

一根毛的毛色	A（有帶狀色彩）	aa（單色毛）
黑色系毛色	B（黑）bb（咖啡色）	b^lb^l（淺咖啡色）
白色系毛色	W（只要有一個就一定是白貓）	ww（毛色不帶白色）
	S（擁有白斑）	ss（無白斑）
毛色的深淺	D（深色毛色）	dd（淺色）
*紅色系毛色	O（紅色系毛色）	o（黑色系的毛）

＊位於性染色體上的基因。

三色貓沒有公貓的理由

性染色體為XY的雄性，無法同時擁有黑色與紅色2種毛色。

雌性的狀況 染色體XX

X：（O）→紅色
X：（o）→黑色
＋
S（白斑）

▼

成為三色貓

雄性的狀況 染色體XY

X：（O）→紅色
Y
＋
S（白斑）

X：（o）→黑色
Y
＋
S（白斑）

▼

只能成為雙色貓

貓的家庭狀況 之1

直到出生後兩個月都與家人相處

幼貓斷奶是在出生後兩個月左右。不論如何至少這段期間讓牠接受母貓照顧，和手足一同玩耍。

母貓的照料是必要的

剛出生的幼貓，眼睛與耳洞尚未打開，只能依靠母貓。從母貓的乳房吸吮乳汁，並由母貓幫助排泄。幼貓的**眼睛和耳洞打開**需要將近**十天**左右的時間，**自己能夠排泄**，到**巢外走動**需要**一個月以上**，在這段時期，母貓幾乎如影隨形的照顧著小貓。從可以到巢外走動開始，幼貓能夠一點一點開始吃固體食物，到**完全斷奶**大約是在**出生後兩個月**。

若在斷奶前硬是把幼貓從母貓身邊分開，幼貓的抗壓性就會變得薄弱，也可能得到吸吮人類手指，或舔自己直到皮膚受傷的習慣，更有可能產生吸吮布料進而咬碎吃下等行為障礙。

幼貓同伴間的關係也很重要

出生後一個月左右開始，**幼貓間的遊戲會變得相當活躍**。在這段期間，幼貓藉由與同伴玩耍學習各種事物。

若剝奪幼貓的這種學習機會，將來便無法與其他貓順利相處。在某些情況下，有的貓無法理解自己與其他的貓是相同動物，只願意和人類在一起，會常常纏著人類，有時為了引起注意，還會特意作出傷害自己的舉動。因為人類最終還是無法取代幼貓同伴，無法獲得滿足的幼貓，甚至會有戒心和攻擊性都很強、精神狀態不穩定的問題發生。

幼貓同伴間的遊戲，在出生後約三個月左右會邁入高峰期，因此盡可能讓幼貓在這段期間與手足一起度過會比較好。

到斷奶前都需要母貓的照顧

幼貓時期，需充分接受母貓照顧以培養安定的情緒。

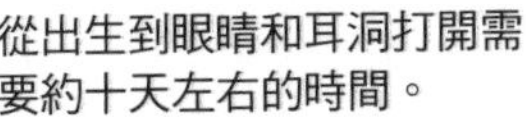
從出生到眼睛和耳洞打開需要約十天左右的時間。

自己走出巢外需要約一個月左右的時間。

直到出生後兩個月都需要餵奶。

幼貓同伴之間的遊戲可培養社會性

若剝奪幼貓與同伴遊玩的機會，容易養成缺乏社會性的貓。

與貓同伴之間的溝通是從遊戲中學習的。

若這時期與家人分開，容易養成精神狀態不穩定的貓。

貓的家庭狀況 之2

同心協力扶養小貓

同時期生產的母貓，共同撫育幼貓的情況較常見於姊妹、母女等有血緣關係的貓同伴之間。

不分你我的照顧幼貓

即使是單獨生活的貓也會與其他貓有社會關聯、組成**群體分工合作**。最具代表性的例子就是**共同養育幼貓**的母貓集團，以下是所觀察到的案例。

當一隻貓在巢中生產，養育幼貓時，有其他生產期相近的貓進入巢穴中。母貓與新加入的雌性是姊妹關係，兩隻貓互相打招呼，並接受彼此。

剛來的新貓一旦生產，先來的母貓會咬破包住幼貓的羊膜讓牠呼吸，並咬斷臍帶，舔下幼貓的羊膜，幫幼貓完全清理乾淨。可以說是扮演助產士的角色。之後，這兩隻母貓會不分你我的照顧小貓。

據研究指出，擁有血緣關係，並因共同撫育小貓所組成的團體，在女兒輩的貓長大後，會直接留在團體之中，日後母女再一起養育幼貓，這種案例很多。

超越血緣關係，母親輩之間的羈絆

在美國某研究室有數隻同時生產的母貓，工作人員為各對母貓與幼貓分別準備了當作產房的箱子，但並無拘禁起來。最後在不知不覺中，所有母子都聚集到其中一個產箱之中。正如同這個實驗的結果顯示，環境條件充裕的情況下，不一定要有**血緣關係，母貓們會同心協力照顧幼貓**。

長大後的幼貓，雌性會留在團體中，雄性則多會與團體維持較久的關係。

共同撫育幼貓的雌性團體

常見複數母貓共用一個巢穴，一起養育幼貓的情形。

不分你我照顧彼此的小孩。

會幫忙舔下剛出生幼貓的羊膜，充當助產士的角色，幫忙生產。

替貓結紮是必要的嗎？

若飼養母貓，通常一年會生產兩次。除非抱著決定飼養所有生下的幼貓，或全部都找得到人收養的決心，否則結紮是必要的。公貓的情況則是不知何時？在哪裡？會成為其他貓的父親。此外，處於性衝動的公貓，行動範圍變大，與其他公貓打架的情形也變多。迷路、發生車禍、因為打架受傷或發生感染的風險相對增加。除非能夠嚴謹管理交配的情況，否則結紮是必要的。

完全飼養在室內，若不讓牠交配，貓會因時常欲求不滿而產生壓力，導致不良行為發生。像是發情時的叫聲或噴尿，對人類而言也是一種負擔！若考慮到人類與貓雙方之間的幸福，相對之下結紮還是比較好的選擇。

結紮過後的貓會較一般貓的活動量來得低下，也會讓人覺得變得比較乖巧。雖然運動量減少容易變胖，且一旦年紀大了，記憶力或認知力衰退多少會來得早一些。只是，這樣負面的影響對貓的健康並沒有想像中那樣大的損害。另外，有資料顯示若母貓在一歲前實施結紮，預防乳癌的效果可達86%。要是過了一歲，就算只超過一個月，就沒有任何預防效果了，因此還是早點接受手術比較好。雖然有人認為順其自然即可，但最後會增加更多不幸的貓，還是盡量避免造成不良結果吧！

第6章

推測遠古時代貓的感受

人類與貓自古以來長久生活在一起。
對貓而言，與人類在一起有幸福的時光，
卻也有不幸的時期。
在本章中，
就讓我們一邊追尋至今為止貓與人類的關係，
一邊瞭解這段關係給予貓正面的影響吧！

貓從何時開始與人類共同生活呢？

有證據證實至今約四千年前的古埃及時代，貓就與人類生活在一起。

貓開始與人類生活的之初

貓被認為是從人類開始學會耕作時，才與人類生活在一起。當人類還在靠狩獵維生時，夥伴是以團體方式打獵的狗，狗被認為是大約從一萬五千年前開始被人類馴養。

貓與人類的距離拉近，是從人類進入農耕時代，居住於一個定點並儲存穀物開始。儲存穀物之處聚集了貓的獵物——老鼠，或許貓就是在追逐獵物時闖入了人類生活吧！人類也很歡迎會捕捉偷吃糧食的老鼠的貓，因此**人類與貓共同生活**被認為大約是從至今約**四千年前**開始。可以在**古埃及文明的遺跡**之中發現許多證據。例如：在西元前1950年左右的壁畫中，可看見貓與老鼠對決的模樣，西元前1450年左右也有描繪被拴在家裡，坐在椅子下的貓模樣。

成為埃及信仰對象的貓

經過一段時間後，古代埃及開始認為貓是**神明化身的神聖動物**。許多人飼養貓，若養的貓過世後便會舉辦喪禮。有錢人甚至將貓的屍體作成**木乃伊**加以埋葬，或把貓形狀的小雕像埋於神聖的墓地之中。而在宗教儀式中卻又常常把貓當作獻給神的「**祭品**」，因此並非純粹地對貓保護周到。

貓被認為是神聖動物的另一個理由，是他們相信貓的眼睛結合了太陽的高度與月亮的圓缺，會改變其形狀與光輝。

農業是聯繫人類與貓的契機

據說貓是為了抓被人類儲藏穀物所吸引的老鼠，
才開始住在人類聚落附近。

被當作神明信仰的貓

在古埃及，貓被當作神明的化身。

被描繪成貓姿態的女神貝斯特（Bastet）

太陽神格化的神祇──拉（Ra）的女兒，象徵女性的多產與健康。

貓的木乃伊

有分成為了飼主的喪禮而被作成的木乃伊，與被養在寺廟，當作祭品殺死而作成的貓木乃伊。

貓與人類的關係 之2

從品種一窺與人類之間的關聯

人類管理貓的交配，並進行育種是從19世紀開始。從與貓共同生活的歷史看來，這不過是最近才開始的事。

並非為了「功用」才改良品種

從實際面來思考，人類所飼養的家畜中，沒有比貓更沒有利用價值的動物吧！從19世紀中期開始**品種改良的目的**，不外乎是為了培育出「**外觀或個性適合陪伴飼主**」的貓。然而，像是狗或馬也是為了陪伴人類，或幫忙工作，才改良出各種品種，但其體型大小和身體特徵的變化是無法與貓相提並論的。會有這種差異，是因為人類對貓最大的要求就是當作伴侶般陪伴在身旁。

人類無法支配貓的理由

事實上，為人類趕走老鼠、守護穀物，並因此預防鼠疫等，這些都是貓自發性的行為，在**歷史上人類從來沒有命令過貓**。理由多半是「因為反覆無常」、「沒有社交性，不聽人類」……與其說貓沒有能力，倒不如說人類對貓沒有要求所導致的。

人類將貓當作**信仰對象**，認為貓有神祕的力量，是很特別的存在。因此人類幾乎很少干預在貓的行為或控制其交配。從這樣的背景看來，在現今社會的貓，也不是被當作家畜飼養，而是在人類心目中已經有了陪伴生活的地位。

有時候隨著品種改良會產生突變基因，讓此品種出現先天性的缺陷。

貓是人類的伴侶

貓身為人類的伴侶，為了更加美麗、可愛而進行品種改良。

短毛種

暹邏貓

其特徵是纖細高尚的外型與感情豐沛的個性，深受泰國王室的喜愛。

美國短毛貓

結實的體型與開朗而溫馴的個性非常受到歡迎，是很容易飼養的品種。

長毛種

波斯貓

毛量豐厚，是長毛貓的代表品種。個性親人溫和，很少發出叫聲也是特徵之一。

緬因貓

可長到10kg左右的大型長毛種。頭腦聰明，喜歡遊戲，個性討人喜愛。

日本又是從何時開始的呢？

在平安時代貴族的日記或文學中，可看到許多從唐朝傳來關於「貓」的描述。

被天皇和貴族喜愛的貓

被認為是**日本與貓有關最古老的文獻**是西元822年，名為《**日本靈異記**》的對話集。其中有一行提到過世的父親變身成「貍」的樣貌回到家中，而這裡所提到的「貍」讀成「貓」，只是我們並不清楚此處關於「貍」的特徵。

可以看到對貓有具體描述的是在889年的宇多天皇日記《**宇多天皇御記**》。針對從中國來的黑色「**唐貓**」的姿態、動作和特徵有詳細的描述。其後，在許多日記或文學之中，貓都是唐朝傳來的優雅生物。例如清少納言的《枕草子》中，一条天皇賜與喜愛的幼貓「**命婦之君**」此名字與官位。順代一提，這邊所提到的「命婦之君」是第一次被記錄下的貓名。此外在《源氏物語》（若菜）與《更級日記》等都有描繪出當時貓的樣貌，也讓後人瞭解貓**在宮中被珍惜與疼愛**。

日本的名貓

說到日本文學上最有名的貓，就是以「我是貓，一隻還沒有名字的貓」為起始，**夏目漱石**的《我是貓》當中的主角。然而在繪畫界中，**藤田嗣治**則描繪了為數甚多的貓，並以「藤田的貓」聞名於世。在現今日本，也誕生出以貓為原形的Hello Kitty和貓型機器人哆啦a夢這種深受民眾喜愛的角色。

在宇多天皇的日記中，有一段將唐貓和「至今的貓」作比較的描述，因此在唐貓傳來之前，日本可能就已經有原生貓種了。

在宮廷中備受寵愛的貓

從創作於平安時代的無數文章中，可窺見當時貓的模樣。

宇多天皇御記

其臥伏之時，團圓不見足尾。宛如堀中玄璧。行步之時，不聞寂寞音聲。恰如雲上黑龍……（睡覺時蜷曲成圓形，看不到四肢和尾巴就如同玉石般。走路時不發出聲響，就宛如雲端上的黑龍……）

詳細記載了貓的模樣與動作。

枕草子

伺奉主上之御貓，冠以命婦之君如此名號……
（服侍皇上的貓被伺與命婦之君的官位，深受皇上寵愛……）

在第七段中，記載著一条天皇授與官位給愛貓的故事。當天皇知道，保母想威脅不聽話的貓，而讓狗誤傷了貓之後，便很生氣的把狗驅逐流放。

源氏物語　若菜

有一幕場景，被繩子繫住的貓從竹簾背後跑出來時掀起了竹簾，讓年輕的大臣看到站在竹簾背後三公主的樣貌。這便成為大臣柏木愛戀上三公主的契機。

更級日記

作者描寫少女時代，發現一隻迷路的漂亮貓，與姊姊兩人把貓藏起來偷偷飼養的一段過往。

貓與人類的關係 之4

貓妖、貓又的傳說

鎌倉時代至江戶時代，在日本流傳著由貓變成的妖怪「貓又」和會化身成人類的「貓妖」傳說。

攻擊人類的貓妖、貓又的出現

貓又（股／胯）最早出現是在鎌倉時代的《明月記》中，會殺死並吃掉人類。此外在《徒然草》中也有提到「在深山中有名為貓又的東西，會吃人」這類關於害怕貓又傳說的法師的故事。雖然他是把在漆黑之中飛撲過來的愛犬誤認為是貓又，不論如何，此時貓又的存在已經眾所周知了。

貓又是**活得很長的貓所變成的妖怪，尾巴分裂成兩條，並以兩隻腳站立行走**，不只會講話，而且還會殺人，且會變成牠殺掉的人替代他。這時貓又的特徵，與江戶時代出現的**貓妖**幾乎沒什麼兩樣。另外，還有貓又活得久就會變成貓妖的說法，又或是貓妖活得久會變成貓又的說法。

貓又與短尾貓間的關聯

在貓又傳說盛行的江戶時代，特別是在江戶，**短尾貓**很受歡迎。這是因為短尾或像丸子般圓形尾巴的貓，被認為尾巴不會分裂成兩條化身成貓又。短尾貓是鎌倉時代由中國傳來，由於遺傳的顯性基因，數量增加，成為象徵日本貓的特徵。「Japanese．Bobtail」就是日本的短尾貓在美國被繁殖，所產生的品種。

相對於尾巴會分裂成兩條的貓又，貓妖的尾巴則被認為有三尾甚至是九尾。

貓又、貓妖是貓變成的妖怪

出現在許多文獻中，兩種都是由活得很久的貓所變成的妖怪，會攻擊並化身成人類。

明月記

在南都（奈良）有一種名叫作貓膀的野獸出沒。在一夜間竟然吃了七、八個人，因此出現了大量受害者。這種野獸的大小大約跟狗差不多。
→有一說是其本體為感染狂犬病的動物。

徒然草

「在深山中有一種叫作貓又的野獸會吃掉過路人，在這附近也一樣，上了年紀的貓會幻化為貓又。」聽到這件事的法師，由於太過害怕貓又，在黑暗中誤把撲上來的愛犬錯認成貓又而引起一陣騷動。

貓妖

貓又

南總里見八犬傳

八犬士之一的犬村大角，其父親被居住於深山中達數百年、擁有神通的妖怪山貓所殺的故事。妖怪山貓化身成大角的父親，並讓大角的母親懷孕生子（大角的弟弟）。其後母親被山貓吸取精力而亡，最後妖怪山貓身分曝光，被為父報仇的大角所殺。

佐賀・鍋島藩的貓妖事件

是描述飼主為藩主所害的貓，變成妖怪為飼主復仇的故事。貓妖化身成藩主側室，企圖讓藩主家中陷入慌亂，並置藩主的孩子於死地，但最後身分曝光被擊退。

貓與人類的關係 之5

黑貓是魔女的手下？

在中古世紀的歐洲，貓被認為是由魔女所變成的，或被認為是魔女的夥伴而遭受迫害。

從信仰的對象變成迫害的對象

在基督教興起的中古世紀歐洲，**貓被認為與惡魔有所關連**。這可從幾個方面來思考。其中之一是對當時還是新興教派的基督教而言，貓代表過去的其他古老宗教。由古埃及傳至歐洲的貓象徵著**多產、母性與繁榮**。因此，基督教以強力攻擊貓的方式來打壓其他古老的宗教。

常見到**貓是魔女的化身**又或是**魔女的跟班**等說法，且貓被視為多產與母性的象徵。而其女性的印象是源於貓的性行為，也就是發情時引誘公貓，並與複數公貓交配所產生的印象。但對基督教男性聖職者而言，把貓以性魅力引誘男性墮落的妖婦形象與誘惑亞當的夏娃聯想在一起，認為這在道德上是不被容許的，這種不信任女性的思考邏輯因而成為迫害貓的理由。

對貓而言是災難的時代

在**貓又傳說**廣為流傳，江戶時代的日本，會將長尾貓的尾巴切下，以繩子綁住止血，使其腐敗脫落。雖有這樣的行為，所幸並無大量虐殺貓的紀錄。然而，中古世紀的歐洲，在長達數世紀的**魔女審判**中，留下了非常多虐殺貓的紀錄，對貓而言是悲慘的災難時代。

魔女審判之中，狗、蟾蜍或老鼠也被認為是魔女的同伴，但貓還是占了大多數。

貓被與惡魔聯想在一起而遭迫害

在中古世紀的歐洲，貓被認為與惡魔有關，
是魔女或魔女手下。

多產・母性・繁榮的象徵

基督教興起

魔女・魔女的手下

魔女們的聚會

15世紀至17世紀，魔女騎乘在巨大的貓化身成的惡魔，參加魔女聚會。

聖殿騎士團

12世紀至14世紀，因為崇拜以巨大黑貓為形象的惡魔，被認為是異端份子而遭到迫害。

菲妮榭拉（FINISELA）

1424年，在羅馬一位名為菲妮榭拉的魔女變身為貓造訪鄰居，並想要謀殺該鄰居的小孩。小孩父親以刀子傷害了那隻貓並趕走，而魔女的身體在相同處留下了相同的傷口。

魔女審判

1712年在倫敦的魔女審判上，告發者們提出魔女的貓為自己帶來痛苦的證詞。

專欄

貓的醫療是從何時開始的呢？

日本的近代獸醫學開始於明治時代之後。雖然在這之前，貓就已經與人類共同生活很久了，但遺憾的是，幾乎沒有與貓疾病和治療方面的相關文獻。只有像是江戶時代末期《朧月貓乃草紙》（山東京山）之中「貓的靈藥」這種程度的描述。在這篇文章中雖然有寫到讓貓服用木天蓼、硫磺與山椒等藥物後，在貓背上以艾灸治療，但是針對什麼樣的症狀會有什麼樣的療效在此並未詳述。

明治時代開始獸醫的行業，在1885年（明治18年）大日本獸醫師會開始發行學會誌。在這本學會誌之中第一次提到貓是在1887年（明治20年）。病例是「從貓口中取出針」。文中提到，誤食混在食物之中粗針的貓，送到醫院時，呈現針從嘴中插入針頭貫穿鼻骨的情況。治療方式是採取先施以麻醉，夾住從鼻子穿出的針頭並拔除的作法。

除此之外，在明治時代也出版過名為《家畜內科學》（1897年）、《家畜外科手術》（1908年）的書籍，其中刊載了「貓炭疽」、「貓狂犬病」、「貓溫熱病」、「貓結核病」、「貓保定法（固定法）」、「貓麻醉法」「貓去勢術」、「貓放血（中醫之中一種刺破皮下小動脈讓瘀血流出的治療方式）」等，讓我們瞭解當時所使用的各種貓治療方式。到了大正時代已經有了針對貓腹膜腫瘍及乳腺癌等疾病等醫學研究。

第7章

與貓相關的最新情報

人類社會不論出現何種變化，
都會影響人類與貓的關係和貓的生活。
在本章中，
就讓我們一起來瞭解，
現今與人類共同生活的貓，
發生了什麼樣的改變吧！

飼養貓的狀況

室內貓的感受

對貓而言最重要的就是可以舒適生活的環境，至於是否可以到戶外去並不是太大的問題。

若不知道外面世界就不會想出去

當貓是**完全養於室內**時，「不能到外面去，好可憐」或許有人這樣想。而對從出生時就養在室內，完全不知道外面世界的貓來說，不能出去外面不會造成任何痛苦與壓力。因為外面原本就是未知的世界，跟自己沒有關係。**若能在自己居住的地方舒適生活，沒有特別到外面去的必要**。

然而，對知道外面的世界，在外面打造了自己居住場所的貓來說，突然無法到外面去則會成為一種壓力，每天吵著要出去。這僅限於出去知道要到哪邊去的情況。假使藉著搬家等變化環境的機會，將野貓飼養在室內，由於**在新環境中布置了自己的居住空間，就不會想到戶外去**。

來布置貓覺得舒適的環境

想要完全養在室內，努力打造對貓而言舒適的空間就變得很重要。**乾淨的貓砂盆**、軟墊或沙發等**柔軟又溫暖的床**，並準備架子或貓跳台等可以**跳上跳下的空間**。再把貓不可以食用的有毒植物，和不能讓貓碰觸的物品移動到貓碰不到之處。此外，當養了複數的貓時，須確保貓擁有各自**獨立的空間**。即使空間狹小，也以製造隔間的方式，讓每隻貓有安靜獨處的時光。

常出現貓啃咬家電用品的插座而發生意外，或吃下塑膠袋造成嘔吐的情況。

若環境舒適養在室內就很滿足了

從出生開始就完全待在室內，便不會想到戶外去了。

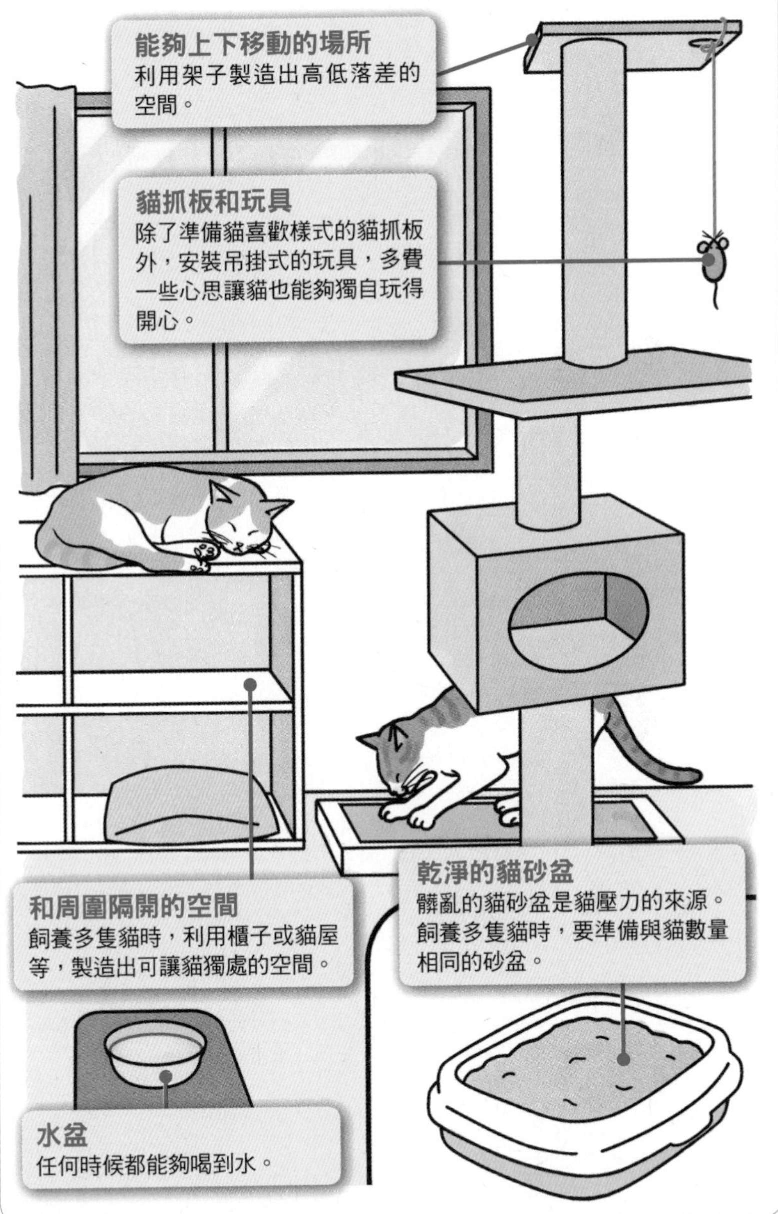

貓的幸福論 之1

互動讓貓與人類都能獲得幸福

思考能讓人類和貓雙方建立更好的關係、更好的生活型態才是與貓一起變得更幸福的方式。

動物療法教我們的事

近年來，在科學上證明了與動物接觸不僅在人類心理方面，甚至在身體健康方面，都能夠給予正面的影響。有資料指出，與寵物一起生活的人，不但血壓和三酸甘油脂較低，患有心肌梗塞的人一年後的生存率也較高。

又被稱為**動物輔助療法**。在與動物共同運動的治療方式當中，一位患有手腕麻痺的患者，藉由與狗玩投球遊戲提昇治療效果。雖然沒有其他直接治療的相關案例，但被稱為「**動物探訪**」的這種與動物接觸的活動，能夠讓患者或長輩精神上較為安定，因動物而逐漸與人溝通，或綻放笑容進而提昇治療效果。這種動物與人類的接觸活動，統稱為**動物療法**。

思考如何一起邁向幸福是非常重要的

在動物療法的研究中，有一項受到矚目的數據。當狗和飼主在進行接觸時，不論是人類或狗，都能提昇讓大腦感受到幸福或放鬆的物質──腦內啡的數值。這種共同感受的幸福，對**人類和動物間的羈絆（Human Animal Bond）**被視為非常重要。

雖然此份數據是以狗為對象，但珍惜共同感到的幸福，對貓來說同樣很重要。不僅人類因貓的存在感到療癒或幸福，為了讓貓也能在安定的環境、穩定的人類關係中幸福的度過一生而努力是飼主的責任。

在一般認知中被當作家人一同生活的伴侶動物（Companion animal）有狗、兔子、馬，還有貓。

動物療法是？

藉由與動物的接觸，產生治療效果、增進健康且讓患者精神更安定等，擁有療效的活動統稱。

●動物輔助療法（AAT）

在治療時某些部分會讓動物參與。由醫護人員和社福人員及行為、心理、語言療法方面的專門人士等專家一同參與進行。

●動物探訪（AAA）

以和動物接觸為主要目的的活動。並非在醫院由專門人士主導的企劃，主要是由志工進行推動。

為人類帶來的效果：

●精神方面的作用

- 擁有對動物的責任感及被需要的感受。
- 能帶來放鬆的心情、歡笑和快樂。
- 從壓力和孤單中獲得治癒。
- 以動物為話題，增加與四周人世間的對話與交流。

●對身體健康方面的作用

- 為了照顧動物而增加日常的運動量和動作。
- 被證明對心臟病和高血壓患者也有療效。

人類與動物共同邁向幸福

藉由與動物互動能夠增進人類與動物間的羈絆。

人類和動物間的羈絆（Human Animal Bond）

心靈方面的健康　　幸福的一生

人類 ⟷ 相互作用 ⟷ 動物

動物療法　動物輔助教育　動物醫療　教養

讓小孩與動物互動也很重要。

讓貓找得到回家的路

迷路、搬家、地震等災害或旅途中發生狀況，常讓許多貓回不了家。

期待歸巢本能不如裝晶片

雖然大家都說貓有歸巢的本能，會從新家跑回舊家。實際上雖然有這類的案例，卻不占大多數。此外，我們並不清楚貓的歸巢機制，當貓迷路或在災害中走失時，就很難可以靠著歸巢本能回來。

另一方面，在日北阪神淡路大地震中，確實發揮作用的是**晶片**。把寫有固定號碼的晶片注入貓的身體中，同時也將重要資料登記在資料庫中。以專用機器讀取貓體內的晶片，再將號碼對照資料庫，就能夠知道這隻貓是**哪裡來的？是誰的？**在地震時雖然有許多貓與飼主分散，但只要有注射晶片的貓據說100％都回到了飼主身邊。

也代表飼主的責任

現在飼養特定的外來物種，或可能傷害人類的動物都必須為牠注射晶片，是動物愛護法要求飼主所需盡的義務。這是為了當發生麻煩時，可讓飼主確實負起責任。至於貓，並無特別規定，所以目前晶片的普及率很低。

根據環境省統計，**一年間有超過二十萬隻貓被安樂死**。丟棄貓或將貓放生的匿名飼主是否也有必要針對貓認真思考其「飼主的責任」呢？

有些動物醫院，在作結紮手術的時，經飼主同意就會順便注射晶片。

高科技防走失名牌、動物晶片

這是一種在貓體內注射寫入世界唯一一組編號的晶片，
從這組編號可以找到飼主的機制。

●注射晶片

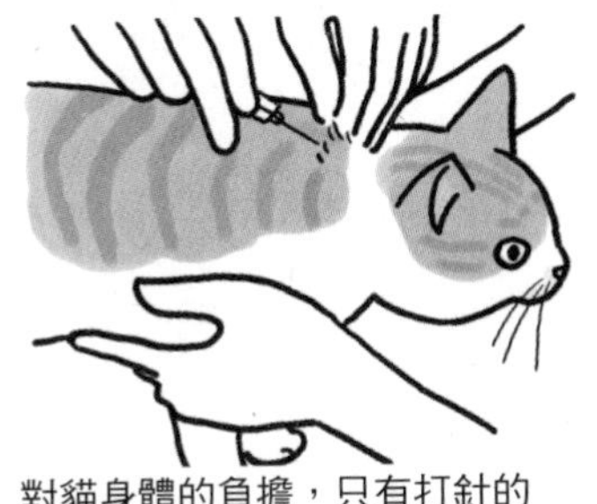

對貓身體的負擔，只有打針的程度。

●在資料庫登記資料

- ID號碼（晶片的號碼）
- 飼主資料
- 郵遞區號／地址／電話號碼
- 動物資料
  狗／貓／其他
  名字
  性別……………………等

迷路或因為災害分散也不怕！

保護

在醫院或動物中心以專用的讀取機器掃描晶片號碼。

重逢

對照晶片登錄的資料，與飼主聯繫。

一年有二十萬隻以上的貓被安樂死

被帶到公家機關的貓約3/4都是幼貓。
可以找到新飼主的案例不到整體的3%。

公家機關收容的數量與安樂死的數量（單位：隻）

收容數量
成熟個體數 54,735　幼齡個體數 151,677　合計206,412

領回・領養數 6,179　**安樂死數** 200,760

（2007年 日本環境省自然環境局 總務課 動物愛護管理室統計）

貓的醫療狀況 之1

貓也會有文明病？

像肥胖和高血壓等生活習慣所引起的病症，人類若出現稱為代謝症候群的徵兆，貓也會深受影響。

生活習慣與飼主相似

現代社會中不論男女，很多人都關心**代謝症候群**，為了改善症狀還推出許多健康食品。當飼主自覺出現這樣的病狀時，家中的貓也會有同樣的健康問題。

貓的生活步調與習慣深受飼主的生活影響。例如：很晚才吃飯，睡前一定要吃宵夜的人，他家的貓或許會陪著他吃。覺得與其控制熱量不如吃盡情大吃，這樣的人也會把這種觀念套用於貓身上。而現代的貓無需狩獵，特別是完全飼養於家中的貓，運動量絕對稱不上是充足。再加上夜晚也陪伴飼主一起睡覺，白天加上晚上，一天下來的睡眠時間變得很長，這樣的生活導致代謝症候群的貓變多。

要注意貓的體重管理

人類的「代謝症候群」是指這樣的生活持續十年、二十年以上，成為容易得到糖尿病、高血脂、高血壓等病症的高危險群。考量到貓的壽命，雖然無需擔心二十年後的事情，但**體重管理**依然是必要。特別是從幼貓時期開始一直餵食高油脂食物造成脂肪囤積，等到過了七歲邁入高齡階段時就容易生病。貓也會得糖尿病，因肥胖造成關節或心臟負擔的情況與人類都一樣。

由高血脂引發的動脈硬化等疾病，在現今社會的貓身上很少發生。

因為生活習慣產生代謝症候群的貓

由於貓的日常生活受到飼主生活型態的影響很大，
體型與飼主相似的情況也很多。

吃飯的時間、次數、份量

當自己深夜在吃東西時，
也會不自覺的給予貓食物。

睡眠時間

夜晚和飼主一起睡覺。

白天獨處時也在睡覺。

運動量少

若飼主沒有刻意一起遊玩，
運動量會下降。

貓的醫療狀況 之2

研究貓愛滋拯救了人類？

貓的病毒學與人類醫學是相輔相成的。

發現病毒的動機

人類的**白血病病毒**、**愛滋病毒**是在研究貓病毒時被發現的。通常病毒**不會傳染給不同種的生物**，在研究貓白血病病毒時，卻發現這種病毒會感染給人類細胞。這種感染僅限於在細胞暴露的實驗室試管之中，實際上有皮膚與血液守護的**人體是不會感染貓白血病病毒的**。

以這件事為契機，開始投入大量時間與勞力在研究貓病毒。其研究結果也回饋在人類病毒的研究上，與白血病病毒、愛滋病毒的發現密不可分。

治療是先針對人類發展，疫苗則是先針對貓發展

由於人類白血病病毒、愛滋病毒的發現，讓我們瞭解貓也有特有的愛滋病。解析貓特有病毒的基因，結果顯示，貓的愛滋病毒更接近愛滋病毒的原型，讓我們瞭解是從**古代就存在的病毒**。也就是說，我們因此得到能夠解析愛滋病毒進化過程的素材。

現在關於愛滋病的治療，雖然先發展人類醫學，**貓用的疫苗卻早已研發出來**。這樣的成果或許可用於今後開發人類用愛滋疫苗上。

貓與狗雖然來自於相同的食肉目祖先，但貓愛滋病毒是在貓和狗的祖先開始分科時才產生，因此犬科動物沒有貓愛滋。

貓的病毒學與人類醫學間的關係

貓研究成果提供給人類研究用，人類研究的成果提供給貓研究用，彼此共享成果、共同發展。

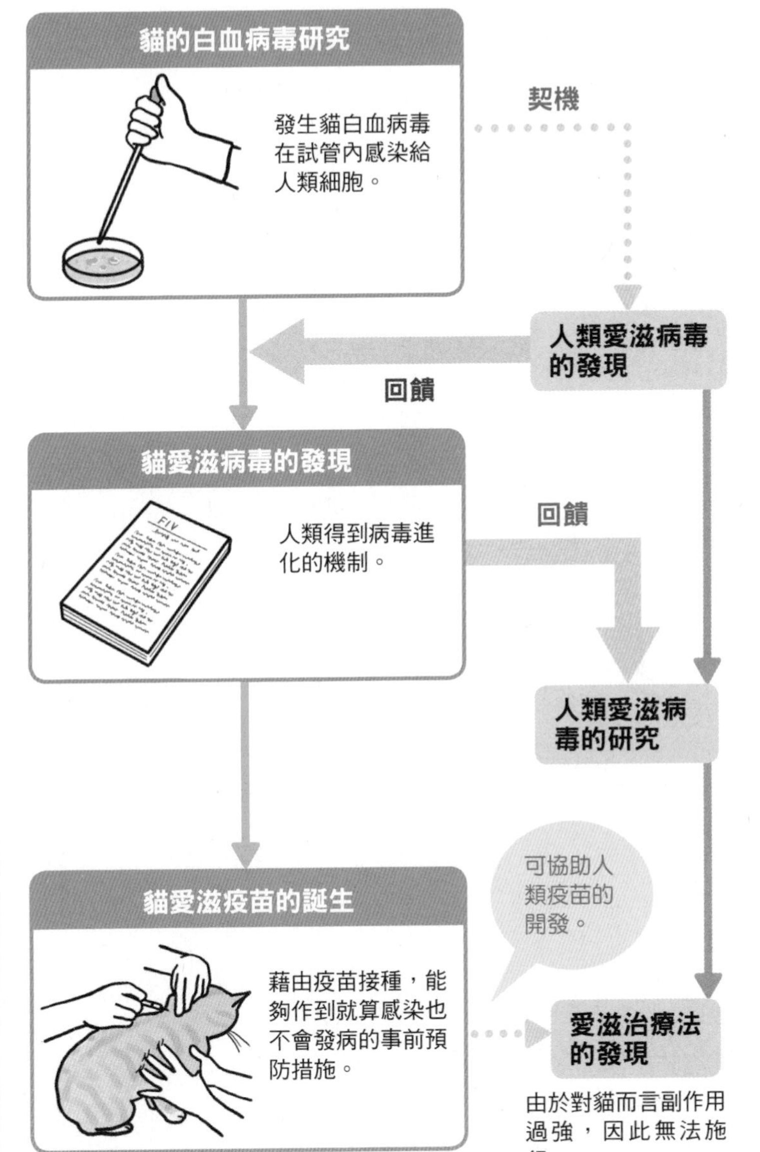

題外話 之1

沖繩的貓有一半以上是米克斯？

從貓病毒的研究也可以追溯人類的歷史，可得知貓受到人類生活的影響非常大。

從病毒研究中看見日本歷史

為了研究**貓愛滋（FIV）**所進行的日本全國貓愛滋感染調查中，可以看到與日本歷史相關，令人玩味的事實。實際上FIV病毒從**A到E有五種形態**，其中C和E型在日本幾乎看不到，A與B型則是在美國發現，可見於美國的貓身上，D型只有日本才有，是日本自古以來就存在的型態。

從A、B、D型態在日本分布的範圍來看，**受戰爭迫害越嚴重地區，A、B型就越多**。也就是說受到越激烈攻擊的地區，不僅人類，對貓的傷害也越嚴重。其中最典型的例子就是沖繩縣，被檢驗出來的病毒幾乎都是美國型態的B型。與日本型態D型較多的對馬、九州等地區相比之下，沖繩縣的貓幾乎是戰後從美國帶來的貓，或從東京移居的人飼養的貓等混血貓種。

感染率世界第一的日本現況

從上述的研究，讓我們瞭解日本的**貓愛滋感染率與義大利並列世界第一**。調查幾百隻可外出的家貓與野貓的結果發現，其**感染率為12%**。這是由於此兩個國家都是地小人稠，貓的集中度很高，感染率也相對提高。此外，在日本，從野生的對馬山貓中發現D型病毒。由於對馬當地的野貓也是屬於D型，所以被認為是為了爭奪食物所感染的。

目前尚未從與對馬山貓同源的西表山貓發現FIV病毒。

從FIV病毒分布看歷史

戰爭災害越嚴重的地區，代表由美國引進
染有A、B型病毒的貓就越多。

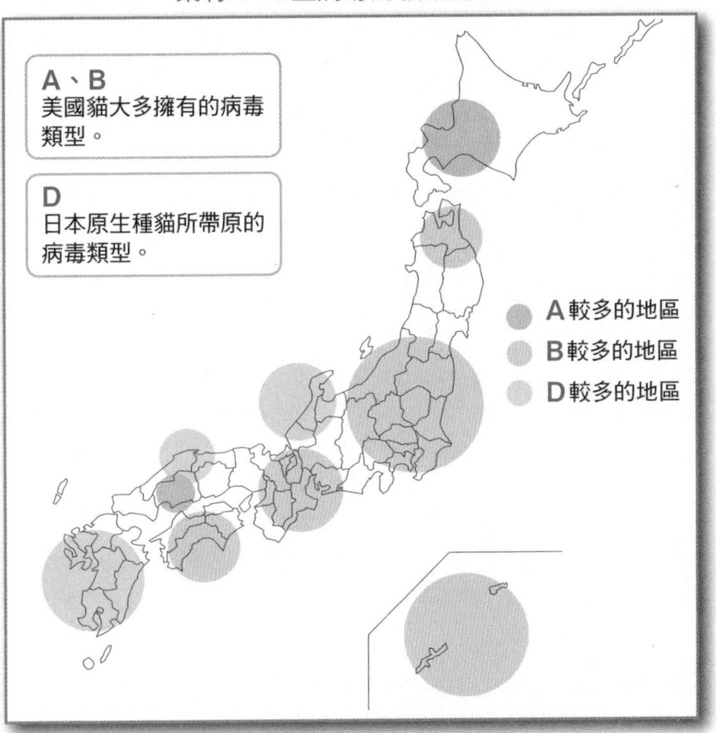

野生的對馬山貓也被傳染貓愛滋

由於山貓原本並沒有感染FIV病毒，
因此被認為是與野貓打架所導致。

FIV是由打架等因素造成出血感染，山貓被認為是因為生存環境遭到破壞，為了覓食到人類居住地區，和野貓爭奪食物時所造成。

題外話 之2

跌落意外所隱藏的驚人能力

貓從高處墜落時，能夠翻轉身體讓腳先著地。也有人說貓能夠調整落下時的速度。

高樓比較安全？

時常發生貓從公寓或高樓的窗戶或陽台掉落的意外。由於貓喜歡高處，但就算平衡感再怎麼優越，還是有可能發生失足的意外。或平時緊閉的窗戶偶然被打開，由於不知道那裡離地面很遠，而發生掉落的情況。

有研究指出，在這樣的意外中，比起從**中、低樓層墜落，反而從高樓落下時生存率較高**。被稱為**高處墜樓症候群（High-Rise Syndrome）**的情況是指從高樓墜下的貓首先會先反轉並調整姿勢，放鬆身體，宛如鼯鼠般張開四肢。這種作法可以增加空氣阻力，**減緩落下速度**。反而在二樓至七樓左右的中低樓層掉落時，沒有可以調整落下速度的空間，而造成嚴重的傷勢甚至死亡。若是約一樓屋頂高度，柔軟的肉墊可作為緩衝，因此多半不會受傷。

注意墜樓意外

雖然有如上述的情況，但墜落意外對貓來說依然是危險的。有研究指出，貓所有外傷中，**大約14%是由於落下意外所導致**。有不少案例是，著地時平衡不良，導致下顎骨折，胸部或腳部挫傷、骨折。若與貓一同生活在公寓時，請務必多留意，不要打開窗戶又讓貓獨自在家或把貓放到陽台。

有研究指出當貓著地在堅硬的地板上時，可以存活的高度大約為十八樓，灌木叢上約二十層樓，屋簷或遮雨棚上則是二十八樓。

從高處墜落反而比較安全？

由於貓從高樓墜落時，時間較長，
有充裕的時間緩衝落下的速度。

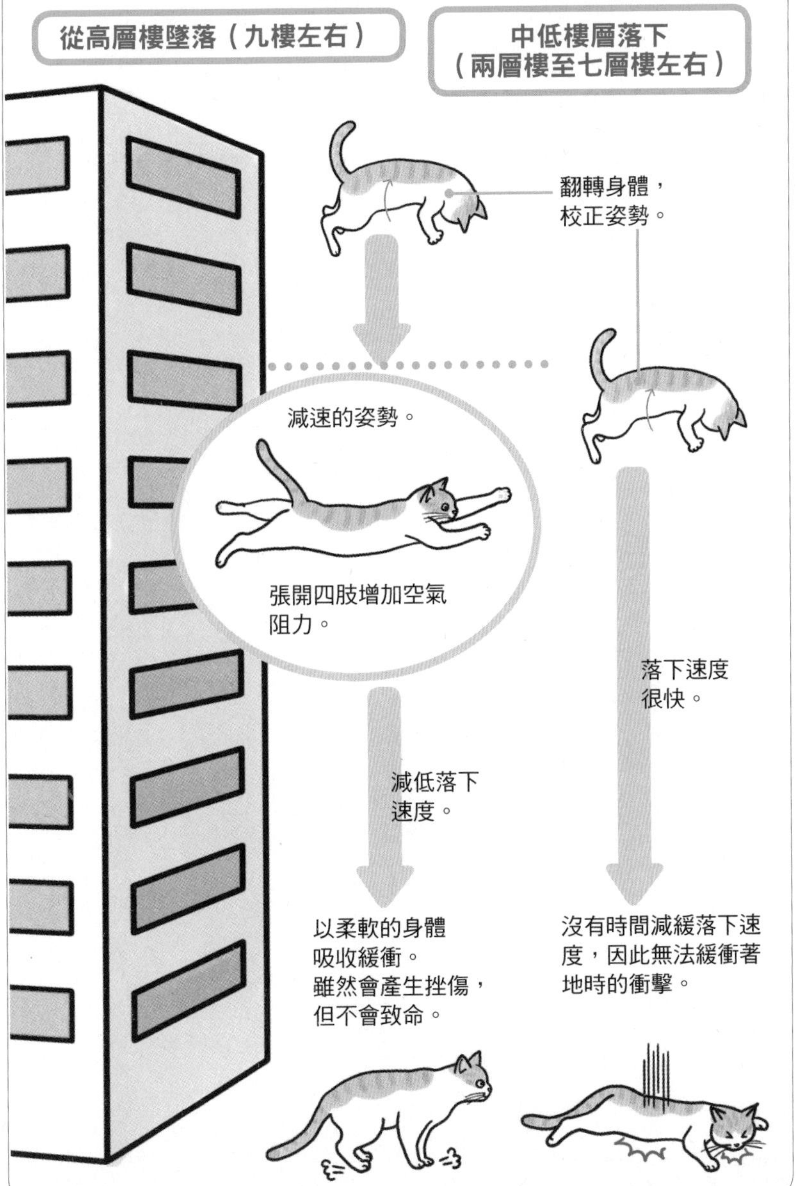

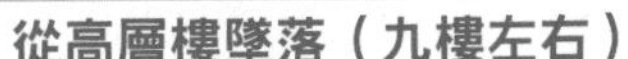

從高層樓墜落（九樓左右）
中低樓層落下（兩層樓至七層樓左右）
翻轉身體，校正姿勢。
減速的姿勢。
張開四肢增加空氣阻力。
落下速度很快。
減低落下速度。
以柔軟的身體吸收緩衝。雖然會產生挫傷，但不會致命。
沒有時間減緩落下速度，因此無法緩衝著地時的衝擊。

題外話 之3

複製貓連個性也很相似？

世界上第一隻複製貓誕生於2001年。研究雖然仍持續進行，但成功率非常低。

從三色貓的基因複製出雙色貓

世界上第一隻**複製貓**是使用三色貓的身體細胞所創造，卻沒有創造出與細胞捐贈者一模一樣的貓。這是因為成為三色貓有各種基因條件，以人為的方式創造非常困難。

母三色貓的兩條X染色體上，各有製造紅色斑紋的基因與黑色斑紋的基因。然而在同一個細胞上這兩種基因無法同時運作。同時擁有**紅色基因運作的細胞**與**黑色基因運作的細胞**，才會產生三色貓。為了**製作複製貓所擷取的細胞是黑色基因運作的細胞**，因此沒有長出紅色的毛，變成了黑白花紋的貓。

還在研究階段的複製貓

複製貓的研究是為了可以複製被視為家庭成員的動物伴侶，從這種商業動機開始。現在還持續在研究中，**成功率卻很低，就算成功生下也常常夭折**。擁有同一組基因的複製貓，在個性與行動模式是否相同的研究也尚未進行。但若一起撫育，在個性上就會有某程度相似。

另一方面，藉由凍結貓的精液而施行的人工授精、體外授精、胚胎技術等，則是設定在為了**保存快要絕種的山貓等貓科動物**，才讓研究持續下去。

商業上複製貓的價格設定在一隻約五百萬日幣左右，實際花費卻是十倍左右。

無法一模一樣的複製貓

生下了與母體三色貓的基因幾乎相同，
但毛色卻不同的複製貓。

三色貓（母體）

●**性別是雌性**

X染色體

紅色斑紋

黑色斑紋

以黑色作用細胞作為複製貓的素材。

雙色貓（複製貓）

只有母體毛色的黑白花紋。
基因上卻和母體一樣，
擁有產生紅色斑紋的基因。

專欄

貓也進入高齡化社會了嗎？

由於醫療發達跟生活環境的提升而延長了人類的壽命，與人類共同生活的貓也越來越長壽。順帶一提，紀錄上日本最長壽的貓竟長達三十六歲！

貓變得越來越長壽的理由有三個。其一是完全飼養於室內的貓增加了。飼養於室內，可預防發生交通意外，或因為打架導致感染的風險。且經常待在自己的窩裡，能夠減輕貓的壓力。

另一個理由是藉由疫苗所達成的「預防醫療」日益發達。目前有一般型三合一疫苗（貓病毒性鼻氣管炎、貓流感、貓胰臟炎）、貓白血病疫苗、五合一（三種＋貓白血病、貓披衣菌肺炎）等。此外，最近也研發出貓愛滋疫苗。現代貓的死因多半是癌症、慢性腎臟病等老年疾病，是由於飼養於室內，再加上疫苗，年輕時因事故或傳染病而喪命的貓減少的緣故。

最後一個理由是營養。以前餵貓吃柴魚片拌飯，或味噌湯澆飯等對貓健康不好的飼主很多，但最近的飼主通常都是餵食貓罐頭。標示「綜合營養飼料」的貓飼料，是為了提供貓最基礎營養所專門設計的，因此貓的營養狀態也變得較好。

若飼主能讓貓有正確紓壓管道，確實作好疾病防治跟營養管理，最長壽的紀錄說不定會被打破喔！

INDEX

行

行

行

行

行

行

行

行

行

行

採訪協力

入交眞巳 獸醫師・北里大學獸醫學部・動物行為學研究室專任講師

筒井敏彦 獸醫師・日本獸醫生命科學大學・獸醫臨床繁殖學教室教授

資料來源

●參考資料
《給臨床獸醫師的貓行為學》森裕司監議　文永堂出版
《Domestic Cat—行為生物學—》
Dennis C. Turner Patrick Bateson編著　森裕司監修　蓄產出版社（綠書房）
《貓醫生》石田卓夫著　講談社
《日本貓病史》（日本獸醫史學雜誌第45號）石田卓夫著
《成為貓的山貓[修訂版]》平岩由伎子著　築地書館
《雨天的貓最後睡著了》加藤由子著　PHP研究所
《大家都知道的有趣貓心理》竹內德知監修　日本文芸社
《想事先瞭解的貓心理》武內ゆかり監修　西東社
《貓的教科書》高野八重子 高野賢治著　PET LIFE社
《愛貓人不可不知的50個問題》加藤由子著　SoftBank Creative
《貓的幸福生活》加藤由子著　日本文芸社
《貓的心理》今泉忠明監修　Natsume社
《原來如此！不可思議的貓知識》岩崎るりは著　小山秀一監修　講談社
《瞭解貓「真實感受」手冊》今泉忠明監修　Natsume社
《貓的真心話》今泉忠明監修　Natsume社
《Fox博士的貓咪諮詢室》
Michael.W.Fox著　日本VISCA株式會社出版部
環境省HP　（自然環境・生物多樣性 動物愛護與適當管教）
Anicom災害保險株式會社HP　（新聞放送）

●照片提供
石田卓夫
株式會社綠書房《貓生活》編輯部（本書P.152下）

寵物書 04

一分鐘圖解
不可思議的貓知識
愛貓人不可不知！（暢銷版）

監　　修／石田卓夫
譯　　者／周欣芃
發 行 人／詹慶和
選 書 人／Eliza Elegant Zeal
執行編輯／李佳穎・陳昕儀
編　　輯／蔡毓玲・劉蕙寧・黃璟安・陳姿伶
封面設計／韓欣恬・陳麗娜
美術編輯／周盈汝
內頁排版／造極
出 版 者／美日文本文化館

Staff
內文插圖／石崎伸子
內文設計／川島　進（スタジオ・ギブ）
撰文協力／酒井かおる

郵政劃撥帳號／18225950
戶名／雅書堂文化事業有限公司
地址／220新北市板橋區板新路206號3樓
電子信箱／elegant.books@msa.hinet.net
電話／(02)8952-4078
傳真／(02)8952-4084

2020年2月二版一刷　定價280元

經銷／易可數位行銷股份有限公司
地址／新北市新店區寶橋路235巷6弄3號5樓
電話／（02）8911-0825
傳真／（02）8911-0801

國家圖書館出版品預行編目資料

一分鐘圖解：不可思議的貓知識，愛貓人不可不知！ / 石田卓夫監修；周欣芃譯.
-- 二版. -- 新北市：美日文本文化館出版：雅書堂文化發行, 2020.02
　面；　公分. -- (寵物書；4)
ISBN 978-986-93735-9-3(平裝)

1.貓 2.動物心理學 3.動物行為

437.364　　109000433